阅读成就思想……

Read to Achieve

UI设计心理学

WEBS OF
INFLUENCE
THE PSYCHOLOGY
OF ONLINE PERSUASION

［英］娜塔莉·纳海（Nathalie Nahai）◎著

王尔笙◎译

中国人民大学出版社
· 北京 ·

谨将本书献给亲爱的读者，

让它成为你的亲密伙伴，

帮助你完美创业，

建立一个更有吸引力的网络形象。

联合利华已经与娜塔莉合作了多年。她通过自己深邃的洞察力和专业见解逐渐改变了我们的沟通技巧。实践证明，这有助于强化我们与消费者的关系并确保销售稳步增长。

乔·科米斯基

联合利华电子商务创新部

《UI 设计心理学》探究心理学与技术之间的关系，将研究与实践指导深度结合，以此揭示交互界面设计、市场营销与销售背后的技巧。有了这本书，你便有了全新的网络视野。

杰夫·怀特

英国第四频道

对那些有意深入探索日益增多的虚拟存在意义的人而言，娜塔莉为他们提供了独特的洞察力和见解——我们如何参与其中以及我们如何将经验变现呢？对于所有致力于大幅加快数字化转型的人而言，这本书可以提供至关重要的参考。

约书亚·马科特

《哈佛商业评论》集团出版人，执行副总裁

如果你曾经非常喜欢读《助推》（Nudge）并从事数字化市场营销工作，那么手中的这本《UI 设计心理学》肯定是你梦寐以求的。

斯坦尼斯拉斯·麦格尼安特

可口可乐西欧区在线通讯总管

《UI 设计心理学》是有关数字化说服技巧与科学的权威指南。值得一提的是，娜塔莉·纳海的这本书汇集了最新的神经科学研究成果，并指导我们如何激励受众在交互界面建立联系并参与其中。

莎拉·德罗舍·摩尔

Spredfast 品牌与收益市场营销高级副总裁

《UI 设计心理学》是推动交互界面说服力的一次了不起的、拓展思维的尝试。

谢恩·帕里什

Farnamstreetblog.com 创始人

强烈推荐我最喜欢的专家写的这本有关提高交互界面说服力的书。《UI 设计心理学》是上天赐给业界的礼物。它内容广泛、深入浅出，而且富有洞察力。

尼尔·埃亚尔

《上瘾：让用户养成使用习惯的四大产品逻辑》的作者

娜塔莉可以传授你一些技巧，让你从全新的视角审视你每天所做的交互界面设计工作。她的知识与热情满溢于书中的字里行间，并让整个团队站在客户的立场去思考。根据她所提出的理念，我们取得了巨大的成功，但更为重要的是，在涉及为客户提供体验时，她帮助我们开始以正确的方式思考问题。

苏珊娜·埃利斯

uSwitch，能源网站产品负责人

《UI 设计心理学》这本书是关于交互界面设计心理学知识的全面总结。书中的内容字字珠玑、切中要害。如果你正从事在线策划或 UI 设计工作，本书将是你的必读书。

苏珊·魏因申克

The Team W，Inc. 首席行为科学家，《设计师要懂心理学》的作者娜塔莉对于在线行为，在线行为对显示品牌真实性、原创性的影响力的洞察，以及她的整体市场营销方法都是真实可信的；对所有的公司来说，无论大小，这本书都颇具实用性。

托比·丹尼尔斯

Crowdcentric 公司联合创始人，CEO

在将心理学研究转化为送给 UI 设计师的实践建议方面，无人能与娜塔莉·纳海相提并论。每个市场营销人员和 UI 设计都需要阅读《UI 设计心理学》这本书。

罗杰·杜利

《神经营销》(*Brainfluence*) 的作者

这是一本非常有用的指导书，它借助行为研究成果来推动你的网络业务，书中提供了大量的真实案例和实用技巧。

卡洛琳·韦布

Sevenshift 公司 CEO，《七堂思维成长课：精英群体的行为习惯》的作者，

麦肯锡公司高级顾问

娜塔莉的《UI 设计心理学》堪称上乘之作，内容有理有据，易于阅读，而且超级实用。借鉴书中的经验，你讲故事、进行市场营销以及 UI 设计等方面的能力都将得到彻底改善。

兰德·菲什金

Moz 公司创始人

凭借惊人的洞察力、严谨的学术态度，娜塔莉赋予了在线行为心理学以强大的生命力，并成就了一本难得的充满实用建议的好书。娜塔莉是一位能引人思考的作者，她所展现出的魅力、活力与热情足以激发受众的灵感和有益的讨论。

林赛·斯宾塞

数字电视集团媒体负责人

《UI 设计心理学》是一本精彩的好书。对于任何真正重视行为洞察力并希望在数字化领域大展宏图的人来说，这都是一本必读之书。

乔·德夫林

伦敦大学实验心理学部主任

用最好、最简单的心理洞察力推动并驾驭我们的交互界面行为，娜塔莉的这种能力无人能出其右！

马丁·埃里克松

Mind the Product 联合创办人、策展人

《UI 设计心理学》提供了一份卓越的、易于理解的行动指南，帮助你遨游复杂的世界，了解在交互界面上，人们如何以及为什么做决策。本书集合了心理学、社会学、商业以及 UI 设计等领域的最新理念，是一本从事网络工作人士的必读书。

杰米·巴特利特

《暗网》的作者

娜塔莉·纳海是技术领域最睿智的现代作家。对任何有意了解人类心理、消费行为与数字领域之间相互影响的人而言，第一版《UI 设计心理学》就是一个游戏规则改变者。而新版的《UI 设计心理学》更加出色，它是一本现象级的好书！它让每位读者都能成为专家。

托马斯·卡莫洛-普雷姆兹克

英国伦敦大学与哥伦比亚大学商业心理学教授，Hogan Assessments 公司 CEO

娜塔莉一次又一次地挑战了我对人们在线行为的假设。她的观点建立在科学和对人的深刻了解的基础之上。作为一个心理学的门外汉，我从她的文字和演讲中受益匪浅。如果你希望了解为什么人们会做出某种形式的在线行为，那么你一定要读一读这本书。

威尔·克里奇劳

Distilled 公司创始人、CEO

这本书从现代观点去审视每天会影响我们的技术与技巧，它用清晰独到的见解打破了游戏规则。对于任何希望深入了解我们在交互界面的行为方式以及如何在实践中运用这些心理洞察力的人而言，《UI 设计心理学》是必读书。

菲尔·诺丁汉

Wistia 视频策略师

《UI 设计心理学》是在线市场营销人员的必读书目。在市场营销日趋个性化的今天，了解客户的心理动机和行为动力是至关重要的。本书可以帮助你轻松利用心理学研究和心理过程提高从模仿到设计、从功能到定价的交互界面营销水平。

斯蒂芬·帕夫洛维奇

Conversion 创始人

娜塔莉无疑是数字化市场营销领域最善于表达和观察的精英人士。我认为她对人们如何利用交互界面有极为全面的了解。每次读她的作品，我都会有所收获。

凯尔文·纽曼

Rough Agenda 创始人、总经理

让心理学研究走近普罗大众，娜塔莉在这方面拥有独特的能力。在这个领域里，她是最出色的演说家和作家之一。

克里斯·萨维奇

Wistia CEO、联合创始人

娜塔莉的书是最详细和最明确的指导书，它将最新科研成果分解为清晰的行动步骤，以满足你的客户最深层次的需要，从而拉近你们之间的距离。《UI 设计心理学》将帮助你优化你的交互界面沟通的每一个元素。

里奇·米林顿

Feverbee 创始人

娜塔莉·纳海是著名的网络心理学家，一本《UI 设计心理学》在手，就相当于掌握了最强大的网络知识。无论你的工作是让线上用户更开心，还是销售更多的产品，抑或二者皆有，这本书都会将你所从事工作的用户体验提升至新的维度。

安德烈·莫里斯

作家，Global Optimization Group 联合创始人

我看过的登录界面不下 10 万个，但让我印象深刻的寥寥无几。如果你在你的界面上使用娜塔莉的说服方法，你就会创造出让客户迅速响应、改变并且最有可能模仿的市场营销体验。

奥利·加德纳

Unbounce 联合创始人

娜塔莉的观点将改变你思考市场营销、广告和交互界面沟通的方式。

米奇·乔尔

Mirum 总裁

《UI 设计心理学》道出了我们是如何思考、感觉和行动的。如果你希望与客户建立联系并影响他们的行为，请不要犹豫，赶快入手这本书吧!

佩普·拉加

ConversionXL 创始人

电子商务领域从未像今天这样充满竞争，如果你是一个零售商或制造商，却未能倾听和了解过客户的需要，那么你很快就会奇怪为什么你的产品堆积如山，卖不出去。娜塔莉将为你释疑解惑。交互界面说服围绕三个关键原则进行，即了解你的目标、具有说服力的沟通和诚信销售。

戴夫·霍华德

Brandview 全球市场营销总监

如果你希望产生任何形式的网络影响力，但不去践行娜塔莉提出的理念，那么你会发现自己做事经常功亏一篑。娜塔莉的建议实用，深入浅出，有充分的理论研究基础。《UI 设计心理学》是本人案头的必备书。

戴维·格林伍德
This is Pegasus 资深客户总监

我们可以借助《UI 设计心理学》这本精彩的、注重实战的书进行 UI 设计，提升用户体验，产生你所期望的结果。作为应用行为科学的带头人，娜塔莉·纳海将科学洞察力和严谨注入了你的工作中。这是 UI 设计师和市场营销人员的必读书。

亚历克斯·奥斯特瓦德
企业家、作家、Strategyzer 联合创始人

CONTENTS
目录
▼

第三部分 ▫ 诚信是最大的力量

PART 1
第一部分

真正了解目标受众

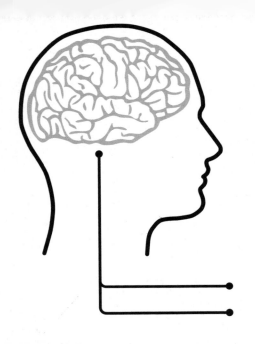

认知本身不会产生行动；要对行为产生影响，认知体系的运转必须通过情感系统来完成。

科林·卡默勒（Colin Camerer）等

大脑中过时的、无意识的反应可能会

影响和推翻

我们有意识的决策过程。

系统 1	系统 2
快速	缓慢
情绪化	善于分析
潜意识	意识
凭直觉	凭努力
无意识	有意识
非理性	理性

人格特质

可塑性

稳定性

开放性	外向性	尽责性	亲和性

学术好奇心	喜欢结伴	自律	富有同情心
猎奇	精力充沛	组织能力	合作精神
创新	喜欢交际	可信赖	讨人喜欢
想象力	乐观	执着	善解人意
冒险性	热情	一致性	同理心
独立性	独断	谨慎	亲切
坦诚	野心勃勃	有条不紊	谦逊
情绪上的自我意识	寻求刺激	镇定自若	情绪反应

霍夫斯泰德的六个维度

特质	分值	国家

特质

权力距离

个人主义

男性度

不确定性规避

长期取向

自身放纵

分值

0 10 20 30 40 50 60 70 80 90 100 110 120

国家

- 南非 *
- 巴西
- 中国
- 印度
- 日本
- 俄罗斯
- 沙特阿拉伯 *
- 英国
- 美国

* 长期取向特质无可用数据

性别差异

行为

情绪稳定性

性情平和
不容易调整状态
自信
适应性强
平静
放松
不情绪化
能应对挫折

女性更有可能：

提供不准确的个人信息
阅读网站的隐私条款，
进而改变她们的个人设置

匿名使用博客
发布中规中矩的照片
搜索健康信息
更积极地使用社交媒体平台

男性更有可能：

上网玩游戏、赌博和娱乐
在网上购物（英国、美国）
方面花更多的时间和金钱
研究产品

与伙伴分享他们的电话号码
和地址
在社交平台下载、收听、收
看更多的音乐和视频

01 INTRODUCTION
交互界面成功三原则

对很多人而言，上网不再是什么高大上的事情了，而是一种需要；它已成为获取政治、经济、文化信息和个体表达与赋权的必要元素。

E.B. 韦泽（E.B. Weiser），心理学家

由于我们已经有太多的日常活动发生在网上，所以对企业而言，较之以往，它们现在想抓住、控制和改变客户日益碎片化的注意力已经变得相当困难。那些成功的企业都了解客户需要并能以一种毫无阻力的方式为客户解决问题。不管你是哪类企业，目标受众是谁，如果要在线上取得成功，必须满足三项基本原则。

1. 了解目标受众

了解影响目标受众决策过程的普遍的、文化的和个体的因素。

2. 说服性沟通

知道如何利用语言、非语言线索和视觉设计与目标受众进行有效沟通。

3. 诚信销售

为了获得双赢的结果，用心理说服原则帮助（而不是要挟）你的客户。

基于以上考虑，本书被分成三个部分。在每一个部分，你都将发现涉及上述原则的最新见解、研究成果、应用实例，以及帮助你在交互界面设计和企业运营中实施它们的引导性环节。

认知本身不会产生行动；要对行为产生影响，认知体系的运转必须通过情感系统来完成。

科林·卡默勒等，行为经济学家

尽管我们想当然地认为我们都是从理性出发做决策的，但近年来越来越多的反面证据已经纠正了很多人的这个想法。很多研究及理论显示，我们的决策事实上可能受到情绪过程的显著影响和误导。

这其中引用最广泛的是语义标记假设（Semantic marker hypothesis），它是由神经科学家安东尼奥·达马西奥（Antonio Damasio）提出的一种机制，该机制证明大脑中特定亚皮层区域增加了我们所做决策的情绪权重。大脑结构中存在病变（损伤）的那些人可能在做出特定类型决策时受到损害，很多人都会发现这些情绪与所有的决策过程紧密相关——然而现实要复杂得多。

大脑的两个系统

诺贝尔奖获得者、心理学家丹尼尔·卡尼曼在《思考，快与慢》（*Thinking Fast and Slow*）一书中提出，我们的大脑依靠一个双核系统来处理信息和做出选择。他将第一个系统描述为无意识的（情绪的），而将第二个系统描述为受控的

（认知的）。这两个过程可以根据它们在大脑中发生的位置大致区分开来，二者结合到一起，则构成我们的决策中枢。如果我们了解每个系统是如何运行的，便可以借助这些知识做出更好的决策并影响周围的人。

根据卡尼曼的理论，系统1（快思考）是直觉的、无意识的，而且通常在我们的自觉意识水平之下运转。它处在潜意识定式之中，即我们经历不同的情感（情绪）状态，且很多情感状态会激发饥饿、恐惧、性欲和疼痛之类的冲动反应和感觉。这些状态甚至有可能影响我们感知和记住事情，并有可能影响我们的学习能力，甚至是我们选择追求的目标。

心理学家扎伊翁茨（Zajonc）解释道，这些都是激励我们靠近或躲避某种事物的过程，也就是我们赖以生存下去的决策。这个系统"知道"我们的伙伴何时心情糟糕，或者当看到一个小孩突然过马路时会本能地打轮避让。这是我们的预感、我们的直觉，几乎我们做的每件事它都通知到了。

系统2（慢思考）基本上表现为更善于分析、深思熟虑和理性；它是我们将理性应用于世界的模式。我们使用这个系统有意识地做算术或填写纳税申报表，而且它通常是一个劳动密集型的过程。我们喜欢认为系统2是操纵局势的，但从本质来看，它是一个"懒惰"的系统，也就是说它要就愿意做什么和不愿意做什么做出最佳的选择——我们不能总是有意识地分析每件事情。事实上，正是这个缓慢的、受控的系统倾向于在我们的无意识过程被打断时加入进来。这种情况可能发生在我们经历了一个强烈的本能状态（有人偷了你的钱包让你出离愤怒），遭遇了一个始料未及的事件（你的丈母娘不期而至，而你要赔上笑脸）时，或者当我们遇到了一个明确的挑战（破解周日报纸上一则高难度的填字游戏）时。

在涉及做决策时，系统1会持续生成感觉、直觉和意愿，如果它们得到系统2支持的话，会转变成信念和行动。在我们被要求对有违这个世界的正常理解的事情（一头会飞的猪）做出反应，或要求更高的认知关注（年度报告）之前，这种相互作用一直运作良好。此时此刻，正是系统 2 的介入帮助我们权衡事实（猪不会飞，这必定是一个错觉），并做出了适当的反应（一笑而过）。

尽管我们希望认为自己是理性的，但实际上是我们的快速、无意识的系统在起作用。系统 1 依靠启发法（Heuristics，认知经验法则）降低所接收信息的复杂程度并加速决策过程，而决策在大多数情况下还是得当的。例如，当我们不得不做出决定时，采用"一分钱一分货"的原则通常是有效的；但在缺少系统 2 更为理性的方法支持时，我们的无意识过程会落入偏见的窠臼。

我们以经济学的理性选择理论为例。该理论认为，人是通过精心权衡特定情形中固有的所有信息、风险和可能性做出逻辑决策的理性主体。在现实生活中，这意味着引诱性定价（Decoy pricing）之类的策略对我们的财务决策不起作用，因为数字是绝对的。然而研究显示，一种情形的环境或架构不仅影响我们对事实的感知，还会对我们的决策产生显著影响。

例如，想象一下，你的朋友想做意大利番茄牛肉面，所以要你外出为她购买一些牛肉馅。你来到肉铺，看到有两种肉馅："75% 瘦肉馅"和"25% 肥肉馅"。你们当中那些脑瓜灵的人应该注意到了，从数学的角度看，两种选择是相同的。然而，研究表明，我们通常更希望购买"75% 瘦肉馅"，仅仅是因为我们会主动联想到"瘦肉"，所以你明白会得到什么样的结果了吧？

不过，信息无法摆脱它被发出或接收时的环境，而且在我们联想的过程中，很多方式造就的环境会让我们的决策跑偏。例如，我们通常会更留意容易想到的信息［可得性启发法（Availability heuristic）］，而且更重视与个人相关的或情绪强烈的记忆——这就是形形色色的故事充满魅力的原因。我们还倾向于寻找增强我们的自尊心［自我服务偏差（Self-serving bias）］和强化我们既有世界观（确认偏差）的信息，这些都会严重影响我们需要应对的市场营销信息，以及后续购买决定。

无论是否喜欢，事实就是影响我们决策的因素太多了，其中很多因素隐藏在我们的自觉意识和自觉控制的背后。当然这意味着，如果我们能够了解这些原则及其如何以及为什么会发挥作用，那么我们也能在进行交互界面设计和在线营销时利用它们塑造其他人的行为。

03 WHO ARE YOU TARGETING?
谁是你的目标受众

你个人的核心价值观决定你是谁，而一个公司的核心价值观则从根本上决定这家公司的品质与品牌。

谢家华，美捷步创始人

在成功确定目标受众之前，你要先清楚了解你的企业的价值、目标和地位。如果你从未制定过市场营销策略，或者你的市场营销策略好久没有更新了，那么你会发现以下的练习非常有用。

花一点时间仔细思考一下下面的问题。你的答案（尤其是针对你的目标市场的）将直接决定你如何实施本书推荐的原则，以便影响交互界面受众并成功地与其建立友好关系。

你的企业究竟是什么样的企业

1. 作为一个个体，你的核心价值观是什么？
2. 是什么原因迫使你创业 / 加入这家企业的？
3. 你的公司的核心价值观是什么？
4. 你将解决什么样的特定需要，以及你如何解决它们？
5. 什么是你的企业的主要目标？

6. 谁是你的竞争对手？

7. 你与你的竞争对手有何不同？

8. 你的服务 / 产品有什么独特之处？

9. 如果你没有提供这项服务 / 产品会发生什么情况？

10. 你希望从这本书的洞察力中获得什么？

    （例如，赚更多钱，扩大市场份额，成为所在领域的关键影响者。）

你的目标市场是什么

1. 促使你的客户与你建立联系的原因是什么？

2. 希望使用你的服务 / 产品的都是哪个年龄段的人？

3. 哪个性别的人对该服务 / 产品更感兴趣？

4. 你的潜在客户处在什么收入范围？

5. 这是他们需要的服务 / 产品吗，或这是一款奢侈品吗？

6. 他们会如何使用该服务 / 产品呢？

7. 你的客户最看重的是什么？

   （容易获得、低价位、个性化关注，还是产品特色？）

8. 这是一次冲动购物，还是一次有准备的购物呢？

9. 他们是从哪里获得大多数决策信息的？

   （通过口碑、评论网站、目标广告、可信赖专家，还是名人？）

10. 你的客户在哪里？

    （本地还是全球？）

在确认了你的企业身份的关键要素和目标受众的潜在特征之后，接下来让我们审视一下这些信息在更广泛的文化与个体差异背景下的影响。

04 CULTURAL QUIRKS
目标受众的六个心理维度

在高度竞争的在线市场中，那些能更好地了解在线目标受众偏好的 UI 设计师最有可能获得成功。

戴安娜·西尔（Dianne Cyr）等，心理学家

无论你是否注意到，你的文化就是你的行为、你的思想，甚至是你的感觉的根基。它为你所说的语言、你欣赏的艺术、你聆听的音乐提供信息并施加影响。文化塑造了你所依附的社会形态、你表达的态度和你秉持的信念。简言之，它充当了"影响社会观念、态度、偏好和反应的共享价值观"的角色。

到世界各地去旅行，你会发现人们彼此会分享和传播他们文化的社会地图，塑造世代传承的价值观和行为。正是这种关键的文化传播过程将一个社会与另一个社会区分开来，而你对这些文化敏感性的深刻理解，将决定你在任何特定市场中可以发挥多大的影响力。

全球本地化与适应性

简单地说，多元化将大行其道。

罗兰·罗伯特森教授，社会学家

现在全世界有近一半的人口会上网，全球电子商务网站、网上银行、实时翻译 App 等服务的广泛应用简化了我们进入不同世界的过程，地理分隔与语言差异已经不再是障碍。尽管很多人谴责全球化敲响了文化多样性的丧钟，但这一现实还未到来（是的，不管你在柏林还是在上海工作，手里可能都是端着一杯星冰乐，但你也很可能会搜索你从未听说过的当地美食餐厅）。事实上，在很多情况下，恰恰是网络这种共享访问特性，让正在消失的传统和文化存活下来，使得我们可以把文化多样性记录并保留下来供世代相传。

毫无疑问，虽然互联网大大促进了文化的传播，但我们在一个成功适应全球化的社会里可以观察到此类互联性带来了一个颇为有趣的影响。很多群体并未让他们自己逐渐融入一种泛泛的单一文化（有些人预测这种情况可能会发生）之中，相反他们会借鉴和利用国外的工具、产品和服务来满足自己的特定需要。不管是适应特殊的习俗、偏好还是法律，这个趋势正在被大企业所利用，例如，类似优步这样的公司正在构建面向具体市场的本地主题化网络服务，允许它们的雇员有更大的自主权向自己所在城市提供定制信息。

为了满足当地市场需要而改变产品，这是一些品牌在全球市场获得成功的关键因素之一，也就是所谓的"全球本地化（glocalisation）"——一个源自日本企业界的词汇。全球本地化原则源自日语单词"dochakuka"（意思是全球本地化），后来在 20 世纪 90 年代由社会学家罗兰·罗伯特森翻译为英语并流行起来，逐渐进入了各类市场营销实践和准则中，例如"思想全球化，行动本地化（Think globally，act locally）"。

多年来，它一直是大多数成功企业坚持使用的方法，即精准地改变它们的产品、服务和网站以适应特定市场的需要。在品牌推广方面，早在 1995 年便已出现公布这种战略使用效果的研究报告。后续研究也进一步支持了下面的理念："考虑到某些文化/消费者之间的差异，一个单一的、受到普遍欢迎的网站似乎是不存在的，更可取的战略可能是创建针对具体文化和消费者的网站。"

在该领域，戴安娜·西尔教授主持了很多研究项目，她指出，为了实现一项产品或服务的本地化，仅靠翻译在线内容和照搬原来的市场营销策略是不够的。你还要考虑更多细节，例如，你的产品或服务的名称、企业所在地的时区和当地社会对色彩的偏好，以及性别角色、货币和能与用户产生共鸣的地理标志物的使用。在考虑特定层面时，文化背景尤为重要。以语言为例，受翻译质量和文本元素准确性（直译的结果可能让人摸不着头脑）的影响，语言有时会成为沟通的障碍。你的在线界面布局（包括菜单项、广告条、内容及行动召唤按钮的布置等）也是至关重要的，因为它是介于你的企业和访问者之间的可视化界面，所以必须以访问者期望的方式出现和行动。

符号是用户行动的隐喻，它们也具有文化敏感性，在针对特定受众做交互界面设计时必须给予认真考虑。一般来讲，货币符号、社交媒体链接和其他浏览器要素等符号将作为图标使用。如果你正准备使用符号，那么你应当做一下试验，确保用户准确知道那些符号的含义。你创建的内容以及创建内容的方式是另一个敏感的环节，尤其是考虑到文化会随着环境发生改变，因此用户想弄明白一条特定信息还是有一定难度的。人类学家爱德华·霍尔（Edward Hall）提出了一个很有用的模式，在此可以借鉴。他认为可以基于交流模式对文化进行比较。按照这种方法，那些主要通过明确的文本和语音陈述进行交流的社会可以被视为"低语境"，而那些使用更多隐含线索（例如肢体语言和沉默片刻）的社会则可以被描述为"高语境"。

例如，德国就属于低语境文化（Low-context culture），在它的文化氛围里，信息都被设计为完整的、明确的和准确的。反观日本，它被划为了高语境文化（High-context culture），因为它的文化信息可以有多重含义，很多都是模糊的和依赖于环境信息的（这或许可以解释为什么与其他国家的在线交互界面相比，日本的交互界面中，内容所占比例更高）。值得注意的是，高语境文化通常还具有更明显的集体主义特征，并且会给予权力距离更高的评价，稍后我们将探讨这两个重要的特质。

可口可乐公司可以说是推行全球本地化取得成功而且名气最大的公司之一，它向全球 200 多个国家和地区提供 3500 多种产品。它的品牌推广和市场营销始终非常成功，以至于"Coca-Cola"这个名字得到了全球 94% 人口的认可，也使其成为排在"OK"之后辨识度最高的词。有趣的是，"Coca-Cola"的中文名称"可口可乐"是"美味而快乐"的意思，而在中国香港，人们感冒后有时会把可乐加热饮用。虽然我们无法肯定下一个可口可乐一定会出现，但它在网上取得的成功的确阐明了好产品拥有战略性、自反性市场营销方法的重要性。

令人感兴趣的是，可口可乐不仅让自己的产品包装和在线交互界面实现了全球本地化，甚至还让自己的饮料去迎合所供应国家的味觉偏好。你在盛夏的伦敦（伦敦的夏天有时确实很热）点的一杯可乐与你在塞舌尔度假时喝到的可乐会有很大的不同。虽然它们都是可口可乐公司生产的，但该公司在每个国家的目标市场是不同的，因此产品也有所不同。

上述例证完美展示了复杂的供需链条，而下面这个小故事同样做出了漂亮的阐释。在巴布亚新几内亚，可口可乐一直是大众饮料，但放入冰箱冰镇后再饮用的人却不多，几十年来，市场上一直供应直接从货架上取下来的常温可乐。可口可乐决定向巴布亚新几内亚的所有零售商推荐使用冰箱，这是该国历史上第一次供应冰镇可口可乐。

你猜怎么着？销售量直线下降。尽管在世界其他地方冰镇可口可乐大受欢迎，但在巴布亚新几内亚，放在冰箱里的可口可乐的表现却大相径庭。可口可乐吸取了教训，从零售商那里撤走了冰箱并让常温可口可乐销售市场回归自然平衡状态，之后可乐的销售量和客户满意度逐渐恢复。

可口可乐得到的教训是：不管是线上还是线下，如果你希望你的企业获得成功，就需要开发一套针对特定文化的和以证据为基础的行动指南，作为总体设计与营销策略的组成部分。如果你在这方面做得非常成功，这将帮助你在所有客户面前建立起令人满意的品牌形象和用户体验，不管他们身处何方。

文化：心理软件的力量

文化被定义为人类共同的心理程序，但在不同的群体之间有所不同。

吉尔特·霍夫斯泰德教授，心理学家

不管你的企业规模有多大，如果你希望奠定全球客户基础，就必须调整你的产品以满足文化敏感性的需要。我们更喜欢与符合我们社会偏好的网站互动，所以使用符合特定文化需要的设计，增加客户的信任感、满意度和忠诚度就不是什么令人吃惊的事情了。那么你会怎么做呢？

为了了解这些偏好都包括什么，我们必须首先回顾一下过去。20 世纪 90 年代初，在研究了 70 多个国家超过 40 年的文化特质之后，荷兰心理学家吉尔特·霍夫斯泰德教授发表了他的经典著作《文化与组织：心理软件的力量》（ *Cultures and Organizations: Software of the Mind* ）。这部力作于 1991 年首次出版，就不同民族文化对含糊、不平等的容忍度以及对自信和谦虚的偏爱等问题，提出了一种简洁的、以证据为基础的观点。霍夫斯泰德的工作集中在我们从童年晚些时候开始的、在思维、感觉和行为等方面表现的基本模式上，而且他提供了一个独特的见解，即不同文化通过其成员所珍视的价值观、标志、仪式以及记述风格来证明自己的存在。

霍夫斯泰德教授在其职业生涯中，一共确定了六个关键的心理维度，它们似乎在几百年前，甚至几千年前便已存在。考虑到技术进步的速度，最明显的问题可能是，这些特质是否依然居于统治地位。研究显示，"全球化和技术进步并未带来全球规范，也没有让我们的特征出现均质化，而是创造出了生命力异常顽强的行为模式和地域特征"。尽管年轻一代肯定会转向和适应新趋势，但隐藏很深的文化特征很可能会继续充当我们的行为和价值观的基石，甚至进入我们新的、全球联通的世界里。

接下来，我们将一一探讨这六个维度，并确定你如何在客户所处的不同文化环境中利用它们，改善你的交互界面和市场营销的效果。

1. 权力距离指数（PDI）

第一个维度是权力距离指数，涉及我们的文化对于不平等的态度。它衡量的是一个社会里拥有少量权力的成员期望和接受不平等权力分配的程度。

PDI 高的国家最穷的人和最富的人之间常常表现出巨大的差距（在收入和地位上），它们的体制通常具有高度阶层化和政治权力集中的特点。总体来说，高 PDI 分值的国家强调社会与道德秩序，重视权威、专家、证书、官方印章或 Logo。在这些国家里，获取信息的渠道经常受限，名望都给了领导者而不是民众、消费者或雇员。俄罗斯便是一个很好的例子，它是全世界十个权力距离指数最高的国家之一，其 PDI 分值高达 93 分。

与高 PDI 国家不同，低分值国家和地区通常更追求平等，这一点经常通过扁平的组织结构、更小的地位和收入差距表现出来。这些国家和地区通常对本国民众限制较少，获取权力的障碍是透明的和综合性的，而且隐含着对自由生活的期待。以英国为例，它的 PDI 很低，只有 35 分，这反映出一个文化（尽管它是君主政体）在努力运用体制的力量，例如，英国国民保健制度（NHS）和社会住房计划将不平等降至最低。诡异的是，在更高的阶层中，这个 PDI 分值实际上更低，显然有悖于历史悠久的阶级制度，而且很多人倾向于认为那是一部英国式的童话剧。不同国家和地区的 PDI 排名参见表 4-1（为了简洁起见，这张表格只选择了一部分来反映一个更广泛排名的大致情况）。

表 4-1	全球 PDI 排名	
	PDI 分值	**国家和地区**
高权力距离	95	沙特阿拉伯
	93	俄罗斯
	81	墨西哥
	77	印度
	70	埃及
	69	巴西
	68	法国
	64	东非
	63	葡萄牙
	57	西班牙
中等权力距离	54	日本
	50	意大利
	49	南非
低权力距离	40	美国
	39	加拿大
	38	澳大利亚
	35	英国
	35	德国
	31	瑞典
	31	挪威
	13	以色列
	11	奥地利

资料来源：Hodfstede, G., Hofstede，G. J. and Minkov, M., *Cultures and Organizations: Software of the Mind*, McGraw-Hill 2010, © Geert Hofstede B. V.

▶ 可采取策略

高权力距离

如果你的大部分受众来自一个高 PDI 分值的国家，你该怎么做？

- **秩序最重要**。通过清晰定义网站的目标，在你的网站中突出秩序感（这种设想可以通过英雄形象和 / 或标语表达出来），借助清晰的导航设计用户浏览线路 [例如，采用面包屑导航（Breadcrumbs），这样访问者便可以准确知道其所在位置]，并确立一目了然的内容层次（这样访问者可以通过页面 / 网站接受系统指导）。你也可以利用社会角色来组织信息，按照用户身份启用特殊区域访问限制（例如，为特定内容设置密码保护，只有那些拥有一定权威的人才可以访问）。
- **国家自豪感**。使用反映目标受众所处社会或道德秩序的文化和国家标志，例如，特定的颜色、隐喻和国家图标（如你访问中国的网站，你会发现很多网站喜欢使用红色，即国旗的主色调，据说红色也会带来好运）。
- **保持权威性**。你可以在你的图像和视频中加入重要的肢体语言和手势，并在页面加入指导性文字和命令。这样做的目的是通过你的网站通知访问者并提供指导。
- **有限选择**。虽然限制访问权限和仅提供有限的选择范围可能会影响某些读者的体验，但你可以从匹配文化期待并减少模糊性入手，进而带来更为舒适的用户体验。
- **说话讲究分寸**。如果你借助社交媒体进军高 PDI 文化市场，一定要仔细观察与语言、自我表现和礼仪有关的文化习俗。当你和不熟悉的人交流，尤其是涉及商业领域时，使用过于随意的语言可能会出现问题。
- **认可标志**。请专家和权威人士代言可能非常有说服力，只要使用得当，官方印章和证书可以为高权力距离文化消费者带来非常需要的可信度。
- **具体化**。当你的客户来自高权力距离同时也是高语境文化时，他们在做出购买决定之前，通常更喜欢实际能抓住、看到或触摸到产品。这意味着你必须把你的服务或产品做得更具体些，你可以通过强化它所拥有的任何物理属性，或者使用视频来展示产品的外观、感觉和工作原理，以便实现你的目标。

▶ 可采取策略

低权力距离

如果你的大部分受众来自一个低权力距离文化的国家，你该怎么做？

- **保持透明**。你的客户期待透明、公开和平等地访问你的网站内容。一个例外是，你是否拥有仅供订阅者使用的区域或内容，在这种情况下，允许任何有意接受价值交换（不管是通过电子邮件地址参加还是按月支付费用）的人订阅。

- **辅助搜索**。来自低权力距离文化的人更可能为了自己需要的信息而横向搜索，这也可以解释为什么 YouTube、Twitter 和 Instagram 之类的非等级平台通常产生自这类国家。你应该摒弃让你的导航和侧边栏充斥着非关键信息的做法，转而通过提供搜索条（通常布置在页面上方）帮助人们寻找想要的内容。唯一需要提醒的是，用户经常拼错关键词，因此为了适应这类错误，有必要检测搜索的高频词及其排列顺序。

- **精英制度**。虽然来自低权力距离文化国家的人们也受权威启发的影响，但他们更尊重那些将自己的价值建立在学术或专业证书基础之上的人，而不是通过继承（例如，通过阶级或种姓）获得权威的人。他们也更珍视同胞的意见，这也就是为什么专家代言和满意客户的评价可以为你的沟通增加可信度。

- **视觉材料**。说到图像和视频，低权力距离文化的访问者希望看到他们自己出现在你的内容中。你可以充分利用这一点，即在双方同意的情况下展示使用你的产品或服务的真实客户的用户生成内容。例如，美国时尚品牌 Nasty Gal 借助一个名为 Olapic 的平台，寻找和展示在现实世界里穿戴该品牌服装的客户的图像。与仅仅使用模特摄影的方式相比，这种方法具有积累社会认同和口碑的优势，不仅可能让现有消费者成为网络红人，同时还能把新客户吸引进来。

2. 个人主义 VS 集体主义（IDV）

这个维度用于表示一个文化里的成员相互依赖的程度，并探索人们将自我形象定位为"我"（即自己）还是"我们"（群体）的问题。

高 IDV 分值（高度个人主义）的文化，例如美国、英国和澳大利亚，倾向于形成崇尚自主、个人成就和个人权利的松散型社会，并主张人们应当自己照顾自己。社会责任只限于自己的亲朋好友，而且人们通常具有高度的地域流动性。例如，美国只存在有限的免费医疗，保险费率非常高，而且企业都期望他们的雇员依靠自己。事实上，在商业领域，陌生人之间的交易是常态，而且员工雇佣标准通常基于一个人的个人价值。一般来说，来自高度个人主义国家的人看重自由、个人时间和挑战，而且他们更可能受年终奖或高薪等外在因素的刺激。

与此形成对照的是，像中国这样低 IDV 分值的国家更可能对更大、更有凝聚力的社交网络表现出文化偏好，在这种情况下，群体的需要被置于个人需要之上。在类似这样的集体主义文化里，强调的是群体归属感和忠诚度，而个人的偏好和行为则受到他的家人、朋友、伙伴和更广泛社会群体意见的强烈影响。早就有研究将"低情绪性"看作集体主义社会的本质特征之一，即社会规范与责任（参考群体的定义）高于享乐主义。

从人口统计资料来看，类似掌握和获取技能这样的内在奖励都属于强烈的激励因素，另外身体条件也很重要。从商业角度看，雇主倾向于为雇员提供高层次的保护，以获取他们的忠诚，这种关系经常影响到招聘政策。

表 4-2 列出了一些国家和地区的 IDV 排名。

表 4-2		全球 IDV 排名
	IDV 分值	**国家和地区**
高度个人主义	91	美国
	90	澳大利亚
	89	英国
	80	加拿大
	76	意大利
	71	法国
	71	瑞典
	69	挪威
	67	德国
	65	南非
中度个人主义	55	奥地利
	54	以色列
	51	西班牙
集体主义	48	印度
	46	日本
	39	俄罗斯
	38	巴西
	30	墨西哥
	27	东非
	27	葡萄牙
	25	埃及
	25	中国香港
	25	沙特阿拉伯
高度集体主义	20	中国

资料来源：Hofstede, G., Hofstede, G. J. and Minkov, M., *Cultures and Organizations: Software of the Mind*, McGraw-Hill 2010, © Geert Hofstede B. V.

▶ 可采取策略

个人主义

如果你的大多数受众来自一个高 IDV 分值的国家，你该怎么做？

- **奖励你的用户**。鼓励用户获得一种个人成就感来激励他们采取特定行动。这种奖励制度是《模拟城市》（SimCity）之类的游戏走红的原因之一，其中玩家的成功取决于他在规定时间内完成规定目标的能力。虽然没什么太让人惊艳的，但领英（LinkedIn）也采用了一种类似的、个性化的奖励机制：它提示你"完善个人简历"，并借助"个人简历强度"信息图鼓励你在自己的简历中增加更多的信息，以便达到"全明星"水准。

- **你是独一无二的**。个人主义文化倾向于将差异视为令人兴奋的事情，所以要重点展示你的品牌的新颖和与众不同的地方。你的独特卖点（USP）是什么？你与竞争者的不同点在何处？是什么让你成为游戏规则改变者的？

- **为他们提供一次挑战**。发起竞赛和挑战有助于建立起一种融洽的关系，并让人一见到你的品牌便会产生兴奋的感觉。在这个方面有一个非常著名的例子。Fleur of England 是一家顶级女性内衣精品店。它在社交媒体上发起了一次竞赛活动，邀请顾客拍摄与它家新上线产品颜色相同的某种东西的照片，并使用活动标签上传到 Instagram 上。每个参与者接下来会进入抽奖环节，幸运者将赢得那件商品，这样就创造了话题并在活动过程中吸引了潜在新顾客。

- **制造轰动效应**。在涉及你所创造的内容时，拥有高 IDV 分值的文化通常对有争议的言论和极端主张反应热烈。这些受众非常喜欢感受到震撼的情绪［这种想法实际上是病毒视频（viral videos）的根源］，而且只要你不越界（可能需要法律支持），它就可以成为你激活并介入相关市场的一种有效途径。

- **必胜信心**。在个人主义文化里，当涉及你所使用的图像、语言和视频时，基于成功与消费主义的物质象征的内容通常具有良好的作用。虽然我们都希望感受到爱与归属感，但生活类广告通常会吸引个人主义受众的原因之一是，它们能让我们为自发成功的幻觉（豪车、豪宅、美女等）埋单。此类文化还以取悦年轻人为目标，所以你在使用年轻貌美的模特（或顾客）照片吸引人们的注意力时，就显示出了这种偏见。

- **分享就是关爱**。个人主义消费者通常会更愉快地分享自己有别于群体其他成员的信息，所以如果你希望从这群支持者中收集数据，考虑到你实际上在提供公平的价值交换，所以你可以公开提出要求。

▶ 可采取策略

集体主义

如果你的大多数受众来自一个低 IDV 分值的国家，你该怎么做？

- **群体动力**。成员关系是集体主义文化的核心，如果你希望与这一类受众打交道，那么这种关系将有助于把你的客户归入一个群体，并为他们提供可以集体使用的一项服务或一个平台。

- **道德**。虽然个人主义文化倾向于把真理和科学看得比固化的道德观还要重，但如果你的客户推崇集体主义，那么尊重他们已经认同的道德原则和社会敏感性便非常重要。根据经验，你所发起的任何交流和广告宣传活动都必须强调良好的关系，并尊重你的受众所处文化的传统和历史。

- **代表性**。在使用图像销售产品和展示品牌时，你可以使用在该群体环境下拍摄的照片以增加它们的影响力。在某些集体主义文化（例如和一些阿拉伯国家）中，女性图像是禁止显示的，而公开表达幸福感可能会令人感到不快。

- **团队中没有"我"**。在涉及语言使用的问题上，集体主义文化倾向于通过"我们"发声，而在某些情形下，干脆连"我"这个字都从句子中剔除出去（例如，在西班牙语中，"我爱你"是"te quiero"而不是"yo te quiero"）。事实上，英语是唯一如此看重我们自己的语言，因为我们会把"I"（我）大写以示重视。因此，当你与一位集体主义受众打交道时，务必适当斟酌一下你的语言。如果不太肯定，最好请说母语的朋友帮你写下你需要表达的文字，或者使用Oban Digital 之类的公司提供服务，以便让你的网站和市场营销内容适应全球本地化的需要。

- **尊重长者**。低 IDV 文化通常对随着年龄增长而增长的智慧和经验充满好感，所以如果希望让别人感觉到你的权威、知识渊博和可信，你可以在网站中增加年长者和卓越的行业领导者的图像和言论。

- **请保护隐私**。在涉及个人信息方面，低 IDV 分值的客户倾向于保护和隐藏将自己与更广泛的群体区别开来的内容。当在网站上请求获取此类信息时，有必要只要求最低限度的信息，并提供有关互动安全性的清晰提示。根据经验，让人们确信他们的信息安全的最佳方式是主动架构信息，避免使用含混不清的文字（类似"垃圾邮件"中的文字），因为它们会引发警告和降低转化率。一段优秀的标准文字应该类似如下表述："我们保证 100% 隐私，您的信息不会被分享。"

3. 男性 VS 女性（MAS）

如果你来自霍夫斯泰德所定义的男性化文化，你可能会发现接下来这一节存在一些政治性的错误。

基于传统性别角色，霍夫斯泰德将男性化文化描述为让人们明确表明（一成不变的）性别角色的文化——也就是说，女人温柔而端庄，注重生活质量，而男人刚强而坚定，关心物质上的成功。日本就属于男性化社会，倾向于赞美自信、英雄主义和成就，并通过物质奖励衡量成功与否。从商业的角度看，这些国家可能具有高度的竞争性并勇于接受挑战，而且它们通常看重收入、职业晋升和获得承认。

相比之下，以挪威和瑞典为代表的女性化文化对性别角色的态度相当模糊，并且有些瞻前顾后，更喜欢鼓励个人追求生活质量和对他人充满关爱。女性化社会更注重关系和舆论，将整个社会生活的重点引导至家庭、社会凝聚力和让所有人达到良好的生活标准。他们重视合作与就业安全，而且通常为弱势群体提供更多的帮助。

如果你想了解你的国家在这一方面排在什么位置，请在表 4-3 中一探究竟。

表 4-3		全球 MAS 排名
	MAS 分值	**国家和地区**
高度男性化	95	日本
	79	奥地利
	70	意大利
	69	墨西哥
	66	英国
	66	德国
	66	中国
	63	南非
	62	美国
	61	澳大利亚
	60	沙特阿拉伯
中度男性化	57	中国香港
	56	印度
	52	加拿大
既非男性化也非女性化	49	巴西
	47	以色列
中度女性化	45	埃及
	43	法国
	42	西班牙
	41	东非
	36	俄罗斯
	31	葡萄牙
高度女性化	8	挪威
	5	瑞典

资料来源：Hofstede, G., Hofstede, G. J. and Minkov, M., *Cultures and Organizations: Software of the Mind*, McGraw-Hill 2010, © Geert Hofstede B. V.

▶ 可采取策略

男性化

如果你的大多数受众来自一个高度男性化的国家，你该怎么做？

- **丰富网站内容**。在设计交互界面导航时，考虑给予用户更大的控制权和探索能力。如果有必要，你可以设计多重子页面，而且只要你的内容吸引人，这种做法就可以鼓励访问者在你的界面停留更长的时间。
- **富媒体**。男性化文化对令人兴奋的、积极的用户体验反应良好，所以可以为这些受众提供更多的特色互动，例如，开展实时互动投票（这样他们便可以看到他们与伙伴的得分对比情况）、响应信息图或视频。在使用动态影像（不管是模拟 GIF 还是全屏视频）时，需要确认是否已经达到预期效果（例如，注册人数的增加），因为动态影像可能经常让人们忽略行动召唤（CTA），进而导致转化率降低。
- **角色扮演**。男性化社会通常对定义明确的角色情有独钟，因此请确认你的受众能够迅速而明确地了解你的目标是谁（包括性别、年龄和身份之类的基本人口统计信息）。例如，如果你在美国销售药产品，将两个性别的医生图像都包括进去才会反映受众的真实情况。
- **游戏元素**。打卡忠诚计划很早便出现了，近几年，很多游戏元素，如普遍使用的结账进度条、社区论坛以及社交媒体上使用的徽章等，都成功地进入了交互界面设计中。男性化文化充满竞争，而且倾向于接受目标明确的挑战，因此限时销售和竞价销售的效果不错（尤其是当充分利用排行榜和积分榜，或者通过你的官方社交渠道高调宣传优胜者时）。

▶ 可采取策略

女性化

如果你的大多数受众来自一个低 MAS 分值的国家，你该怎么做？

- **生活质量**。在你把文化上的女性化受众（提醒一下，这里未必仅指女性）作为目标时，为了让更广泛的群体受益，需要强调你的产品或服务的核心品质。通过关注关系和改善人们生活质量的方式，你将与客户建立起更深层次的联系，进而提升你在进程中的可信度。

- **不要以己度人**。如果你来自一个传统的女性化文化，注意不要把你有关性别角色的概念强加到你的品牌推广活动或内容的任何角色或图像上。为了避免代价高昂的错误（包括经济上的和声誉上的），有必要做一些市场调研，并考察你的目标人群与每个性别有何关联，然后再将这些特质植入你的信息中。

- **保持合作**。在女性化文化里，以向客户提供一条信息或一项免费试用为条件，要求他们提出有价值的反馈意见作为回报，将有助于吸引他们并改善你的产品或服务，所以这种相互合作是大有益处的。你可以利用这个特点建设一个论坛（不管是私密论坛，还是在社交媒体平台上搭建的公共论坛），客户在论坛上可以相互分享秘诀、经验和建议。这不仅表明你关心这个社区，还显示出你在致力于提供一个集体支持的空间。

- **界面美化**。如果交互界面符合受众的审美情趣，在视觉上就会更具吸引力。界面整洁的网站通常更能体现这一点，网站所用的图像应体现融洽的关系、合作和更广泛的社区。

4. 不确定性规避指数（UAI）

不确定性规避指数考察模糊性让我们感到不舒服的程度。事实上，没有人能够预测未来，但一些文化较之其他文化更容易接受这一现实。

令人感兴趣的是，我们应对模糊性的能力甚至与大脑中的特定结构有关。在受科林·弗思（Colin Firth）[①]委托所做的一项研究中，一个来自英国伦敦大学的神经科学家团队发现，保守主义者的杏仁核中拥有更多的灰质，而自由主义者则在前

---

① 科林·弗思是英国电影演员、奥斯卡影帝，曾主演《国王的演讲》等影片。——译者注

扣带皮层（负责认知灵活性的大脑区域）中拥有更多的灰质。基于这些发现，研究人员提出杏仁核大的个体对恐惧和厌恶更敏感，因而更倾向于坚持保守主义信念。尽管目前很难证明大脑结构和信念哪一个起主导作用，但公平地说，个体应对未知事物的能力差异很大，而他们所属的文化可能对他们的整体观点有重要的影响。

在高 UAI 分值的国家里，以葡萄牙和俄罗斯为例，人们可以感受到来自不确定性的威胁，并通过坚守严格的行为准则和信念来应对这种不适感。因为倾向于害怕异乎寻常的想法、容易感知异端想法或危险行为，这些文化通常存在较高的自杀率、入狱率和酗酒率。

来自此类文化中的人们经常期望组织架构和关系清晰可预见并且比较容易解释。他们乐于表达情绪，并"用手势交流"，但咄咄逼人的情绪表达方式却不常见。礼节与守时很重要，严格的规定和仪式是不可或缺的。

相比而言，那些坦然接受不确定性的文化通常具有较高的适应能力和创业精神，对那些回避不确定性的国家所拥护的强硬制度与法律，他们通常会表现出厌恶之情。在这些文化里，你才能期望找到广泛的创新与自由，当然伴随而来的也有高咖啡因摄入量、高心脏病发病率以及情绪表达应当低调的信念。

当然，我不否认我是有偏见的，在我看来，蒂莫西·伯纳斯-李爵士（Sir Timothy Berners-Lee，万维网和最早的 HTML 通用语言的发明者）来自世界上一个最包容不确定性的国家——英国，这并非巧合。英国人是出了名的感情内敛，坚持"不温不火"，模糊的形势完全不会影响他们的舒适度。或许这便是为什么英国会成为世界上文化交融程度最深的国家和最世俗的社会之一（即使你有高 UAI 分值，也未必拥有这般丰富的底蕴）。

再来说说你的在线客户。他们对不确定性的容忍度将很大地影响他们对你的交互界面和内容的反应。此时关键的一点是了解他们的敏感性，以便你们更容易地进行联系。毕竟，和谐与亲密是建立有影响力的关系的基石。表 4-4 列出了一些国家和地区的全球 UAI 排名情况。

表 4-4 全球 UAI 排名

	UAI 分值	国家和地区
高度不确定性规避	104	葡萄牙
	95	俄罗斯
	92	日本
	86	法国
	82	西班牙
	81	墨西哥
	80	以色列
	80	埃及
	76	沙特阿拉伯
	75	巴西
	75	意大利
	70	奥地利
不确定性规避	65	德国
	52	东非
	51	澳大利亚
	50	挪威
	49	南非
	48	加拿大
不确定性接受	46	美国
	40	印度
	35	英国
	30	中国
	29	中国香港
	29	瑞典

资料来源：Hofstede, G., Hofstede, G. J. and Minkov, M., *Cultures and Organizations: Software of the Mind*, McGraw-Hill 2010, © Geert Hofstede B. V.

► 可采取策略

不确定性规避

如果你的大多数受众来自一个高 UAI 分值的国家，你该怎么做？

- **少即是多**。导航要做到结构清晰、标签明确，而且用户访问过程可预测和有保证，这样可以让客户感觉到更有掌控感。应该避免在新窗口打开弹出式广告和链接，聪明的做法是从根本上限制用户的选择。任何非关键信息都有可能被视为冗余信息和误导信息，所以尽可能保持你的界面整洁和条理。对模糊性比较反感的文化通常更偏爱确定的文本，而不是模糊的符号，所以有不明确的地方，就要说出来。

- **愉悦感**。一些研究表明，在涉及对这个群体最有影响力的情绪时，愉悦感最有效，对中东国家的客户而言更是如此（这或许是因为身处不确定性规避文化里的人可能更容易产生紧张情绪，并表现出"较少受内在情绪控制"）。因此，当针对高度不确定性规避客户做设计时，应重点关注增加愉悦感与欢乐体验的方式。

- **清晰是关键**。你使用的任何图像都应当清晰地表明你的企业是做什么的，以及你会提供什么解决方案。当你展示产品或服务的时候，请精确描述细节特征，因为这将有助于培养更积极的客户态度，尤其是当你的预期客户来自服务经济中时。另外，避免使用模糊不清的图像，如果你使用的是人物照片，请确保人物的角色或身份都清晰可见，而且这些照片都可以反映你的目标受众的期待和标准。

- **细致沟通**。根据经验，要避免使用模糊的术语，最好使用清晰的语言保持沟通简洁、顺畅。阐明你的信息的一个重要途径是精心选择隐喻，不过你的内容和语气应始终保持相当高的条理性。需要指出的是，在高 UAI 文化里，社交媒体的使用容易引起争论，因此你在使用任何诙谐语言之前，要确保它们是适当的（你最后要做的是删掉那些表达不清楚的文字）。

- **计划先行**。某些不确定性规避文化（例如德国）强烈偏好演绎推理，而不是归纳推理，这意味着你可能需要提前给这些用户准备一份系统性任务概览，以便让他们感到自己可以继续进行。如果你希望客户遵循一条特殊的行动路径，那就为他们提供一份能帮助他们减少模糊性的总结性材料。提供清晰的导览图可能是大受欢迎的补充手段，另外 FAQ（常见问题）部分和小贴士可以帮助减少用户的错误。
- **彩色数字**。为了减少模糊性，你也可以在界面上使用各种颜色、字号和印刷格式作为识别标记。例如，如果你出售食品，那你可以用蓝色标题代表牛奶，用绿色文本代表水果和蔬菜，从而轻松地进行产品分类。这样每个类别都很容易扫描和识别，进而降低认知负荷（用于你的工作记忆的脑力劳动）并获得更流畅的体验。

▶ 可采取策略

不确定性接受

如果你的大多数受众来自一个低 UAI 分值的国家，你该怎么做？

- **请直接告诉我**。不确定性接受文化通常喜欢开放式的对话并偏爱使用朴素的语言交流。如果这就是你的目标受众，请使用社交媒体与你的客户建立起非正式联系，但避免使用过于情绪化的措辞表现自我。Snapchat、Twitter 和 Facebook 之类的平台具备的灵活性和亲切感可以配合这类市场产生良好的效果，常常会给客户参与度带来戏剧性的变化。
- **风险承担者**。低 UAI 分值文化通常反感过度保护，所以有这种文化背景的人在浏览交互界面时，宁愿采用随意浏览的方式并甘愿冒更大的风险。你可以在命名恰如其分的 StumbleUpon[①] 平台上看出端倪。这是美国的一个 App，它的宗旨是帮助会员在互联网上发现新鲜而令人兴奋的内容。

---

① StumbleUpon 是一个网页推荐引擎，直译为"偶然发现"。——译者注

- **复杂并不可怕**。就内容而言，不确定性接受社会并不介意稍微复杂的状况。在让用户参与某个特殊行动过程时，虽然通常在指导下才有可能获得最好的结果，但各种行动和选择都会刺激这位受众的冒险意识。
- **信息分层化**。在低 UAI 文化里，导航内容通常被架构为下拉菜单，这样可以轻松拆分信息和数量众多的子页面。在交互界面上设置一个搜索栏可以让用户轻松找到他们需要的内容，另外提供外部内容和页面的链接也是经常使用的方法。

5. 长期取向（LTO）

这个第五维度在儒家思想的基础上揭示了人类对道德的求索，它源自吉尔特·霍夫斯泰德和彭迈克（Michael Bond）的合作研究，并于 1991 年加入进来。

高分值长期取向文化（例如中国）倾向于围绕儒家思想构建他们的价值观，并认为真理是相对的而且是依赖于环境的。这些社会通常相信获取技能、接受教育、努力工作和勤俭节约是美好生活的基石。成功源自耐心和坚韧不拔，而为了未来储蓄被认为是一笔有价值的投资。家庭被视为所有社会组织的缩影，这意味着你年龄越大，男性力量越强，你就越权威。西方哲学中有一条黄金法则叫："Do unto others as you would have them do unto you（直译为：你想别人怎样对待你，你就要怎样对待别人）"。与其形成对照的是，长期取向文化选择了更具和平主义色彩的箴言，即"己所不欲，勿施于人"。

相反，短期取向文化（主要存在于西欧国家），以西班牙为例，享受当下的生活，喜欢快速成功，但不太关心未来。和对"绝对真理"的求索一样，与他人攀比也是很重要的激励因素，而且这些社会通常非常尊重传统。前述黄金法则在此是适用的，另外人们也被鼓励通过创造力和自我实现获取个人成就感。表 4-5 列出了一些国家和地区在全球 LTO 排名中的位置。

	LTO 分值	国家和地区
长期取向	118	中国
	96	中国香港
	80	日本
	65	巴西
	61	印度
短期取向	44	挪威
	39	法国
	34	意大利
	31	澳大利亚
	31	奥地利
	31	德国
	30	葡萄牙
	29	美国
	25	东非
	25	英国
	23	加拿大
	20	瑞典
	19	西班牙
无可用数据	不适用	南非
	不适用	沙特阿拉伯
	不适用	埃及
	不适用	以色列
	不适用	墨西哥
	不适用	俄罗斯

表 4-5 全球 LTO 排名

资料来源：Hodstede, G., Hodstede, G. J. and Minkov, M., *Cultures and Organizations: Software of the Mind*, McGraw-Hill 2010, © Geert Hofstede B. V.

▶ 可采取策略

长期取向

如果你的大多数受众来自一个高 LTO 分值的国家，你该怎么做？

- **注重实际**。你面对的市场很可能是务实的和适应性强的，而且偏爱那些提供实用价值的网站和内容。

- **注重灵活性**。由于守时在这种文化里可能不属于关键要素，所以你提供的任何有问必答（AMA）会话、流媒体或网络研讨会应当被设置为以后可用，这样，那些错过开头（或整个过程）的人依然可以获取你的内容。

- **关系很重要**。高 LTO 客户将基于你的联系和信誉评估你的可信度。通过建立并培养你与用户之间的良好关系，你可以建立品牌主张并通过口碑提升你的信誉。聪明地选择你的合作伙伴很重要。

- **教育**。长期取向文化通常很重视技能的获得，因此，提供免费培训和市场认为有用的材料可能是推广企业的一个有效途径。这种方法以互惠原则为基础，向你的访问者表明你重视他们，他们会反过来提升你的转化率。

- **顺其自然**。由于高 LTO 社会通常对"发现命运之路"表现出一种轻松自然的心态，所以你完全可以在网站中采用较为随意的导航设计，并采用在新窗口打开出站链接（Outbound link）的方式。

- **长期利益**。如果你试图说服人们试用或购买你的产品或服务，要强调它们的实际用途和长期利益。因为高 LTO 文化通常推崇储蓄，因此在解决方案中采取金额较小的经常性扣款模式可能是减少每单交易痛苦的好办法。

▶ 可采取策略

短期取向

如果你的大多数受众来自一个低 LTO 分值的国家，你该怎么做？

- **给他们提供一些统计数据**。受众更偏爱确定的事实，而不是主观的、未经证实的主张。如果你销售一件产品或提供一项服务，宣称它能节省人们的金钱、精力和时间，就要有充足的证据。
- **评级系统**。评级系统已经成为相当标准的做法。然而，需要指出的是，对于低 LTO 社会而言，事实与数据比秘闻轶事更具说服力。所以，如果希望在交互界面上加入客户评价，你可以通过设置五星评级系统为他们提供可以量化的优势。你甚至可以进一步鼓励客户指出评论本身是否有用（"这条评论对你有用吗？"有用 / 无用），为过程增加一层额外的限定，从而呈现一个更为完整、准确的系统。
- **即刻下载**。对于低 LTO 客户而言，即刻满足感是一个强大的激励因素，可以用轻点鼠标便可获得的内容奖励他们。如果你的产品可以提供电子版本（例如，一本实体书可下载的 PDF 版本），那么除了后续接收实体产品之外，应允许用户购买可即刻下载的内容。
- **创造潮流者**。短期取向文化通常追求社会潮流与仪式感，不管是花掉一个月的薪水购买一双名牌高跟鞋，还是周五晚上邀上三五知己在酒吧一醉方休，都毫不在乎。只要情景适合，你便可以利用这一点，在你的网站内容和市场营销过程中反映相关趋势，例如拍摄一个产品视频，视频中的人物的着装均采用本季流行款。当然，各种流行趋势与客户的相关程度取决于他们的年龄、性别、兴趣和收入水平等因素，所以务必在将这些元素移植到你的宣传文案之前做好功课。
- **倾听**。低 LTO 分值者倾向于期待即刻的结果，鉴于当前社交媒体已成为日常生活的必备工具，这一便利条件也可以用在客户服务上。如果你不知道客户怎么评论你，那就要开始学会倾听。Brandwatch 这样的社交媒体舆情监控公司可以帮助你监控社交媒体渠道中客户的意见，评估客户的情绪变化，将任何负面反馈消灭在萌芽状态。以一种敏捷的方式应对人们关心的内容，可以确保客户满意和你的信誉不受损。

6. 放纵型 VS 克制型（IVR）

最后一个维度从字面上看很容易理解：考察我们的社会在多大程度上允许我们完全满足内心冲动来享受生活。

来自高放纵型文化的人们，例如墨西哥和瑞典，通常感觉他们可以亲自掌控自己的生活，这或许可以解释为什么他们通常比来自克制文化的人们更快乐、更乐观和更外向。

虽然放纵型社会通常呈现出关系松散的特征，但生活在其中的人们却非常重视友谊和休闲时间，而且自我感觉健康的人所占比例通常也很高。

毋庸置疑，在放纵和国民财富之间存在明确的联系，而且我们当中那些来自放纵型文化的人不太可能重视节制或道德自律的观念。

与此形成对照的是，克制型社会倾向于认为应当控制和压制满足感，通常要用严格的社会规范来确立标准。虽然这类社会倾向于建立紧密关系，但只有很少一部分人会感觉快乐或健康，而且由于缺乏自律，所以整体会有一种无奈感。人们通常表现得更加悲观、神经质和愤世嫉俗，心脏病的死亡率也较高。

显而易见，在贫困状况下，克制更有可能成为准则，克制型社会中的人们通常更重视节俭和道德自律，而不是休闲和友谊。霍夫斯泰德认为："社会约束不仅让人们缺乏快乐感，似乎还会刺激各种消极论的出现。"

表 4-6 列出了一些国家和地区在全球 IVR 排名中的位置。

表 4-6		全球 IVR 排名
	分值	**国家和地区**
放纵型	97	墨西哥
	78	瑞典
	71	澳大利亚
	69	英国
	68	美国
	68	加拿大
	63	澳大利亚
	63	南非
	59	巴西
	55	挪威
	52	沙特阿拉伯
	48	法国
	44	西班牙
	42	日本
	40	德国
克制型	33	葡萄牙
	30	意大利
	26	印度
	24	中国
	20	俄罗斯
	17	中国香港
	4	埃及
无可用数据	不适用	东非
	不适用	以色列

资料来源：Hofstede，G.，Hofstede，G. J. and Minkov，M.，*Cultures and Organizations: Software of the Mind*，McGraw-Hill 2010，© Geert Hofstede B. V.

▶ 可采取策略

放纵型

如果你的大多数受众来自一个高 IVR 分值的国家，你该怎么做？

- **助力交友**。放纵型文化倾向于将互联网用于私人社交和个人用途，而且他们通常与其他种族的人接触更多。如果你希望与这个群体建立起友好关系，你可以为你们的交流创造娱乐氛围，并给人们发放能拿去与朋友分享的奖品（Carling 公司的 iPint 在这个面做得很不错。这是一款很拉风的啤酒 App，目前在英国常逛酒吧的人群中非常流行）。

- **自由自在**。争论和自由表达很重要，如果你正在处理关于你的产品或服务的索赔事宜，要表现得大度一些。来自放纵型文化的人们通常期待坦诚的对话，所以你提供的任何客户服务都应该反映这一点。

- **性别模糊**。不管是在布告栏、网站，还是视频上，成功的广告通常效果明显，因为它们可以让受众接受故事中的角色。当你介入放纵型文化圈时，性别角色通常表现得比较随意，所以聪明的做法是抛弃刻板的形象。相反，你应该营造欢乐的氛围，为你的受众提供各种可以仿效的榜样。

- **给我们一个微笑**。放纵型文化通常更加乐观并视微笑为友好的象征，所以你可以在你的图像和视频里使用欢乐、激情的人物形象。幽默和喜剧元素也会有很好的效果，当你通过口碑推广企业时，更是如此。

- **加点儿料**。正如你可能想到的，放纵型社会中有关性的规范通常是不太严格的，因此如果它对你的品牌适用，你可以巧妙地利用这种规范，为市场营销增加一些亮点。虽然千禧世代（那些在 1982 至 2004 年间出生的人）和 Z 世代（那些在 1996 至 2003 年间出生的人）准确的时间跨度存在争议，但最近有关两个世代的研究都显示，社会上有关性别与性感的概念实际上是非常不固定的，尤其是当参与投票的人都是女人时。因此，如果希望锁定高 IVR 文化里的某个年轻群体，你也许有很大的回旋余地去尝试性暗示和身份认同。

- **定价适当**。高度放纵型文化通常较为富裕，所以当为你的产品和服务定价时，可以把这个因素考虑在内。

▶ 可采取策略

克制型

如果你的大多数受众来自一个低 IVR 分值的国家，你该怎么做？

- **为了共同的利益**。如果你的客户相当内敛，那么基于个人满足感的产品销售和服务便是糟糕的主意。相反，你应该关注你的产品或服务如何适应他们的文化规范并造福社会。例如，如果你是 SaaS（软件即服务）企业，应突出你的服务的安全特性和实际应用价值，并调整你的服务方式，以反映受众的需要和期望。

- **节俭之道**。低 IVR 文化通常推崇节俭，因此折扣码、打折销售和限时优惠可能是引人关注和开发新业务的好方式。你也可以考虑你的产品或服务如何帮助人们省钱，并让这种做法成为一个重要的手段。

- **谨慎行事**。性别角色通常是比较严肃的事，所以在与潜在客户建立友好关系时，务必清楚你的目标受众是谁以及如何交流。正如我此前提到的，在某些克制型社会里，展示女人的图像根本就是不可接受的，所以如果你的目标受众是女性，你或许不得不考虑采用创造性方法吸引她们的注意力。

- **让快乐的人更阳光**。微笑可能带有怀疑的意味，所以再次提醒，小心选择你使用的图像。如果你拥有的是一个全球品牌，那么要低调处理任何过于张扬的主张、图像或特征，让你的网站及其内容实现全球本地化，在不太确定的时候，宁可刻板些。

- **遵守制度**。与不确定性规避文化类似，克制型社会推崇规矩和自律。通过提供清晰的、结构化的导航和可预测的、始终如一的用户体验，将这一点在你的网站上反映出来。如果你采用在线支付模式，要重视交易的安全性，而且除非绝对有必要，不要索要额外的信息。

- **正式**。不管是通过传统渠道（例如电话和电子邮件），还是即时聊天，客户支持应当遵循正式的程序。如果你希望借助社交媒体与低 IVR 客户建立起友好的关系，我建议遵循清晰的、符合本地文化的指导原则。尤其要注意，非正式交流方式在管理不当时，有可能被认为是不合时宜、缺乏礼貌的。

05 INDIVIDUAL DIFFERENCES
明智的个性化营销策略

始终牢记你是独特的。就像其他人一样。

艾莉森·博尔特（Alison Boulter）

个性化

在谈到说服时（尤其是在更大的层面上），企业面临的其中一个关键问题是目标客户的庞大规模和异质性（Heterogeneity）。如果你的客户有广泛的需要、目标和偏好，就会让以不变应万变的策略变得相当微妙，这便是为什么那么多公司会将它们的市场营销材料做个性化处理，通常做法是在资料中提及客户的名字或提供与其过往行为有关的内容。

虽然行为定向广告通常对购买意向产生积极的影响，但这种方法存在隐形成本，尤其是涉及更具侵略性的广告时。这种成本被称为"心理逆反"，它是指我们因为感受到自由和自主性受到威胁，而产生一种厌恶情绪。

当我们收到了来自我们不知道、不相信或从未购买过其产品的品牌考虑不周的广告时，就会产生这种现象。我最近观看一段网络电视节目［一条博柏利先生（Mr. Burberry）前插播广告］时，就感受到了这一点。视频中，先是出现了一幅图像，还有一条信息："你的个性化广告将于五秒钟后开始。"没有任何警告，也没有跳过选项，这个视频便开始播放了，显示出黑屏和花体字母"N"。紧接着屏幕上出现了一对充满激情的年轻夫妇，女人很显然被自己秃顶爱人身上散发的"新款男人香水"的香气给诱惑住了。视频最后以这款香水的一幅图像告终，其底部显示出一个容易产生歧义的"NN"标志（我将其用作本人电子邮件的签名）。这种做法看上去不仅特别蛮横——可能因为我从未接触过这个品牌，也让人感觉像一次对我的隐私的严重冒犯。不用说，我首先就不会太关注博伯利了，当然我现在也不会买它们的产品。

尽管这番体验非常无趣，但它为一个"惊悚元素"产生的逆反心理提供了经典阐释。所谓"惊悚元素"是指你每走一步，不管在公共场合还是在私人场合，都会受到试图提高自身业绩的不明智的市场营销人员的监视、跟踪、尾随、分析和利用。令人感到沮丧的是，个性化不应该是这样的。在客户已经知道并喜欢你的前提下，如果你提供一个充分的理由（例如一个透明的价值交换）并经双方同意后获取客户信息，那么你便能很舒服地使用一种个性化方法去培育出更为紧密的关系纽带。切勿操之过急。

如果你的部署足够聪明，那么个性化的广告、服务和推荐便可以主动增强客户的积极情绪，这会刺激他们花更多的钱和更频繁地花钱。因此，为了实现个性化沟通，有必要审视某些基础工作。例如，如果你通过电子邮件、App或短信发送信息，需要评估哪种方法有助于获得最大的投资回报。虽然不同企业的市场营销投资回报率（ROI）可能是不同的，但为了获得有意义的结果，你应当审视一种多点归因模型，即将客户购物之旅的每一个阶段都考虑在内。

你也可以优化展示网站内容的最佳时间和频率，以确保获得最大的打开率、点击率（大多数电子邮件市场营销提供方和App分析工具都可以帮助你做分离测试）。所有这些技巧将加深你对客户日程安排和偏好的洞察力，但如果你希望在个性化方面采用更多的心理学方法，我们需要深入探究神奇而迷人的个体差异世界。让我们先从性别开始吧！

性别

尽管互联网普及率在持续增加，但在很多国家，男人依然比女人拥有更大的互联网使用权，这种差别还表现为不同的使用模式。从搜索健康知识到购物，性别通常是我们的在线行为最准确的预报器之一。尽管各种研究已经发现女人比男人更有可能在网上搜索健康信息（社会经济地位之类的因素也会影响这一点），但在涉及电子商务时，无论是在花费的时间还是金钱上，英国和美国的男人都超过各自国家的女人，这充分说明女人不得不在网上或实体店里缴纳额外的"性别税"——可比产品的价格虚高（例如，女性洗发水比男性洗发水贵）。

自从互联网兴起以来，我们的在线行为已经逐渐与历史性的社会、文化和经济趋势同步，包括出现在日常生活中的大量不平等现象。例如，一些研究表明，处在较低教育与收入层次的人通常看电视多，读书少，这种行为在网上表现为将更多的时间花在游戏和社交平台互动上，而不是阅读文章和社会评论上。

隐私作为一个日益火爆的话题也产生了性别化反应。一般来说，女人通常对第三方获取个人信息表现得更为关注，与十年前相比，她们现在会更加主动地保护自己的隐私。特定的人口统计结果显示，她们也更有可能上传举止端庄的照片、提供不准确的个人信息和匿名使用博客——过去几年里女性不得不忍受的各种歧视加重了这一行为（玩家门①便是最令人难忘的事件之一）。男人更有可能在公司层面和社交平台上分享他们的手机号码和地址，而女人实际上更有可能阅读网站上的隐私条款，进而改变她们的设置，这可能并不奇怪。

尽管事实上女人对她们的网络隐私表现得更为关切，但她们依然有可能加入一个社交网络，而且一旦加入了，与作为参照对象的男性相比，她们会更积极主动地参与，并向更多的朋友公开她们的个人资料。这种情况可能与一项发现有关：

---

① 2014年因一位女性游戏制作人被公开暴露隐私而引发的整个游戏世界的动荡和社会反思事件。——译者注

女人似乎拥有一种相互依赖的自我构建（更注重一个人与他人的关系），而男人的自我构建似乎更具独立性（更关注自我，而不考虑他人的影响）。尽管性别差异可能确实存在，但你最需要了解的是，你有可能在同性个体之间（例如，在一个女人和另一个女人之间）而不是不同性别之间（在普遍意义上的男人和女人之间）发现更大的差异。

随着研究的深入，人们发现不同文化间的性别差异不同，而且在欧美文化圈中表现得更加明显。然而，大部分研究并未就不同职业和世代群体之间的性别差异做明确的对比，这也让相关发现显得很笼统，很难进行概括。

如果审视某些正步入社会的年轻一代，你会发现其他行为差异并未沿着性别差异这条线展开。2015 年，皮尤研究中心发现，57% 的青少年报告称会在线交友，78% 的女孩是通过社交媒体结交网友的，相比之下，这样做的男孩仅占52%。而且只有一小部分女孩（13%）通过网络游戏交友，与此形成对照的是，同龄男孩的这一数据竟然高达 57%。游戏似乎在男孩友谊的发展和维持上扮演了关键的角色，但女孩更愿意诉诸文字交流，而且她们也更倾向于在出现问题的时候选择解除好友关系、取消关注或者屏蔽以前的好友。令人奇怪的是，在虚拟社区游戏中，例如《第二人生》（Second Life）中，人们似乎依然遵从传统的性别角色，女人多半热衷于与人约会和购物，而男人则以拥有房地产等财富为荣。

有证据显示，在关于我们为什么使用互联网的问题上，男人上网的理由比女人的更丰富一些，排在前几位的是游戏、赌博和娱乐（包括色情内容）。女人上网更有可能是为了交流、安排旅行预订和在社交媒体上互动。男人通常是为了看视频和听音乐，在收听和下载媒体方面都超过女人。他们大多数还喜欢上网搜索产品，并更有可能使用新闻组。

人格

可以塑造我们的在线行为的并非只有性别。近年来，一个日益壮大的研究群体发现，我们的很多行为，包括社交媒体互动、对广告的情绪反应和对说服技巧的敏感性，都有可能深受人格的影响。

如果做过人格测试，你或许已经猜到一些人比其他人更可靠。尽管迈尔斯-布里格斯类型指标（MBTI）之类的流行（但不科学的）评估方法大行其道，但如果你真正想获得有意义的、基于证据的洞察力，那么你所采用的测试方法应该有可靠、有效、独立和全面的记录。这就意味着，它必须基于不同的时间、环境和群组产生一致的结果，而且也必须基于取样的类别提供综合信息。令人遗憾的是，企业的很多重大财务与结构决策依赖的测试都背离了上述四项关键指标。

尽管没有哪一种方法是完美的，但大五人格（Big Five）是行为科学领域最著名也是使用最广泛的人格测试之一。这种测试方法可以追溯到 D.W. 菲斯克（D. W. Fiske）的研究。这项研究经过了科斯塔（Costa）和麦克雷（McCrae）的详细阐述和整理，最初包括 4500 个特质。这些特质后来被精简到 35 个，并经进一步分析，最终被划分为五大类别并由此得名。它们是开放性（openness）、尽责性（conscientiousness）、外向性（extraversion）、亲和性（agreeableness）和情绪稳定性（emotional stability）。一些研究人员后来又划分出了第六大特质，即诚实—谦恭（honesty-humility），并提出了改进版的 HEXACO 人格模型。

类似大五人格这样的测试方法之所以有用，是因为它们能让我们预测出一个人的情绪、行为和认知模式，以及这个人的心理健康、政治倾向、职业选择和婚姻关系的质量等重要方面。从企业角度看，了解客户的心理统计特征（他们的人格、态度和价值观）可以让你在基本人口统计信息和基于个体的方法等方面获得优势。

借助近年来各种研究方法取得的技术进步，我们已经进入了一个新的阶段：

计算机对你的人格所做的评估结果（基于你的数字痕迹）可能比你的朋友、家人甚至配偶做出的判断更准确、有效。目前，我们已经跨过了一个临界状态，到了一个可以自动预测人格的境界，不再需要其他人为我们解释数据。消费者越来越期待个性化体验，这可以解释为什么如此多的企业越来越重视以人格为基础的个人信息，以便设计和提供更加贴切的、迷人的和基于特质的内容。

有趣的是，你的人格不仅影响你所使用和做出响应的语言，还会塑造你的在线行为。例如，当人们在网上购物时，那些拥有高度亲和性和尽责性的人倾向于选择一条更加功利的、直接的和最短的路径浏览网站，而那些拥有高度情绪稳定性、开放性和外向性的人则经常选择一条有更多体验的、享乐主义的（因此也是次要的）路径。对你的企业而言，如果你能了解客户的行为，透彻分析他们的语言偏好，并调整你的信息以匹配他们的特质，那么你就能更成功地吸引并转化他们。

接下来，我们将逐一审视大五人格特质中的每一个特质。我们将探索它们的本质、定义它们的关键特征，并告诉你如何架构宣传文案，以便从心理学的角度去优化相应的内容。因此，你可以利用这些信息设计针对不同特质的测试，从而帮助你评估并细分受众。

例如，你可以发起一次谷歌关键词广告推广活动，来测试一条展示广告的三个变量，第一个变量使用与开放性相关的词，而第二个和第三个变量分别使用涉及外向性和情绪稳定性的词，确认每个登录页使用与其广告一致的语言。你将会看到印象、点击率和页面转化率等指标在三种情况下的表现，可以提示你受众最重要的人格特质以及最有可能吸引他们的信息种类。你也可以使用促销软文、短新闻、Facebook 广告以及 YouTube 的新闻视频等方式展开测试。在本章的最后，你还会看到一些可以用于大规模测试的工具。

有必要指出的是，大五人格特质都是相关的，所以在开展这些实验时，你会发现你的受众可以按照两个高阶因素（Higher-order factor）细分一下：可塑性（由外向性和开放性组成）和稳定性（由情绪稳定性、亲和性和尽责性组成）。可塑性是指我们把探索和参与与创新灵活地联系起来的倾向，它们都属于行为和认知领域，而且涉及多巴胺———一种与探索、承担风险和寻求奖励（"趋向行为"）有关的神经化学物质；第二种元特质（Meta-trait），即稳定性，涉及我们维持一个稳定的身体与心理状态以实现目标的需要，而且它和羟色胺系统有关，而羟色胺系统又与饱满感（Satiety）和克制有关联。

如果你的客户具有高度可塑性，那么他们通常更善于交际，可能处于领导位置，并展示出了娴熟的社交技能和表达能力。他们通常不会墨守成规，而且更有可能沉迷于性行为当中，另外为了加强自己的地位，他们通常会观察和监控自己给他人留下的印象［"获得性自我监控（Acquisitive self-monitoring）"］。不管是线上还是线下，他们一般都会独断专行、自我提升和帮助他人——如果你正在设计针对这个群体的一份宣传文案、一场宣传活动或一项竞赛，就很有必要了解前述特征。

相反，具有高度稳定性的客户倾向于维持现状，以免出现情绪、社交和动机方面的波动。稳定性这一特质似乎反映了我们抑制或监控负面情绪、攻击性和注意力分散的能力，而且高分值者通常比低分值者更墨守成规和有自制力。令人感兴趣的是，拥有高稳定性特质的人通常是"喜欢早起的人"，而且他们通常也会更积极地响应他人（有时是焦灼地关注），以此避免社会排斥［"保护性自我监控（Protective self-monitoring）"］。

开放性

你有强烈的求知欲、强大的创造力和对新奇事物的偏好吗？如果回答是肯定的，那么你在开放性上可以获得高分值。开放的人喜爱多样性，并会积极寻找（并考察）新知识和经验。他们通常富有想象力、洞察力和冒险精神。另外有研究显示，开放性是最不容易受说服战略影响的特质。一般而言，灵活的、独立的、情绪上有自知之明的开放人士通常善于监控自己的情绪，而且经常是心胸开阔的、有独创性和较强理解力的。

与此形成对照的是，低分值的人更抵触体验，倾向于接受传统的、常规的观点，而且宁愿选择熟悉的惯例而非新经验。他们或许试图摆脱抽象思维，兴趣范围更窄，倾向于接受更加专制、保守（而且有时带有种族优越感和偏见的）观点。引人注目的是，研究发现，如果你希望提升自己的开放水平，一种从蘑菇中提取的裸盖菇素（psilocybin）的神奇精神化合物会有帮助，甚至在使用 14 个月后还能检测到它对这种特质有增强效果。

▶ 可采取策略

高开放性

- **特征**。具有创造力、好奇心、想象力和洞察力的开放人士通常有独到的见解，不墨守成规，而且爱好广泛。高分值者更容易受幻想、美学和情绪的影响，而且对神奇的行动、理念和价值观感兴趣。他们通常更喜欢新的、强烈的、多样性的和复杂的体验。
- **在线行为**。开放性人士喜欢频繁地在 Facebook 上改变自己的头像，在网上购物、写博客、娱乐和访问艺术类和动漫类网站，他们通常还喜欢市场营销、商业服务、艺术和摄影，并在 Facebook 上有很多粉丝、身份和群组（例如兴趣群），而且经常发布知识话题。
- **架构你的宣传文案**[①]。在这一特质上分值高的人青睐于创造力和智力刺激，所以你可以使用类似创新、智慧、高雅、想象力和创造力这样的词汇。这个群组的人通常更富有学识，所以你可以多使用冠词（the），少使用代词（I, it），

[①] 在本书中，作者涉及语言运用的创新思路均是按照英语语言特点展开的，所以有些内容并不适合中文文案的写作，但也有很多可以借鉴的地方。——译者注

最好避免使用第一人称单数和复数（I, we）和第二人称（you）。另外，开放人士更喜欢抽象事物，不太关心现实世界中的事物，因此应避免涉及休闲、家人和家庭，以及空间和时间等话题。如有可能，尽量不要使用否定词（例如"don't"），而是使用介词，例如"on""after"，以提醒对象之间的联系。一般而言，你的宣传文案尽量不要带情绪，应避免诉诸知觉过程和生物过程。你可以按照更大的风险承受力架构你的宣传文案，通过使用"经仔细推敲的"措辞和考察不同事物之间的关系（例如因果关系、矛盾关系）唤醒人们的认知。开放人士乐于接纳不确定性并积极响应艺术和美感，所以你可以使用模糊的而不是清晰的宣传文案，以此引发读者的好奇心、神秘感或困惑感，让他们不得不思考其含义。

- **说服原则**。你可以利用互惠原则、社会压力（例如指出如果有人违反了某条社会规范，就会被其他人发现），聚焦希望和收获而非责任和损失，并强调工具性利益（可以通过特别的行动获得）。

低开放性

- **特征**。注重实践的、明智的和直截了当的低开放性人士通常是脚踏实地的、坚定的思想者，并坚持保守的、常规的和传统的观点。他们通常比较顽固，喜欢简单行事；注重细节并会努力把事情做好，而不是沉湎于抽象思维。

- **在线行为**。低开放性人士更有可能在线分享他们最喜欢的娱乐内容等信息，并访问文献、教育、电视、体育运动和儿童购物类网站。颇为有趣的是，他们还更有可能成为维基百科的编辑者。

- **架构你的宣传文案**。由于低分值者根本不喜欢读书，所以你可以选择更为直观的沟通方式，例如图像、模因（Meme）和视频。你可以利用数字，并采用过去时和现在时架构你的宣传文案，多用代词（I, it）、第一人称单数和复数（I, we）和第二人称（you）。与他们更为开放的伙伴相反，这一类人对关于空间和时间的词汇以及有关现实世界的事物的具体信息反应更好。否定词（例如"don't"）通常有效，因为这一类人确实不太开放，所以聚焦社交过程（尤其是家庭方面）的情绪上的、积极的诉求也会很有效。在开放性上分值低的人对休闲、家居更感兴趣，对认可（例如"yes"）会有积极的反应，通常更加感性、更具生物本性并且认知能力较低。只要有可能，你的宣传文案应尽量避免不确定性，且结论明确，不要迫使读者过于费力地思考。

- **说服原则**。你可以采用权威的、让人感到惋惜的宣传文案（例如，"如果×××行为让你感到痛苦，你就会受到伤害"），以及体现互惠原则的和鼓励性的宣传文案（例如，"如果你做了×××事，你就会获得一件礼物"）。你的宣传文案应当关注责任和损失而非希望和收获。

尽责性

你是高度有组织能力、可信赖、守纪律并且责任感强的人吗？你擅长制订计划和追求成功吗？如果属实，那么你很可能就是拥有高尽责性的人。尽责的人习惯于以一贯的方式思考、感觉和行事，他们通常是执着的、可信赖的、组织能力高的、谨慎的（反之就是粗心）和果断的。高尽责性的人也善于延迟满足，并赞成遵守规章制度。

事实上，无论是从工作表现和长期职业成功，还是从婚姻稳定性、长寿和符合健康生活方式的行为，甚至从饮食习惯看，这一特质都是积极生活结果最可靠的预报器之一。那些在这个特质上低分值的人通常缺乏责任感，行动上更加谦逊，不太可能反驳刻薄的评论，并对伙伴们反应冷淡。

▶ 可采取策略

高尽责性

- **特征**。高尽责性的人通常是能干的、有条理的、守纪律的和尽职的，并展示出良好的控制冲动的能力，也偏爱秩序和结构。在拥有了实现目标的动力之后，高分值者会表现出审慎的、深思熟虑的、勤奋的、可靠的和果断的特征。

- **在线行为**。高尽责性的人通常到网上选学校、找工作、写评论和访问教育、词典、电器和儿童购物类网站。颇为有趣的是，他们也更有可能退出 Facebook。
- **架构你的宣传文案**。尽责的人重视效率，追求目标、成就和秩序，因此请围绕这些动机创建界面，并避免将你的宣传文案架构为一个风险因素。正如有吸引力的宣传文案可以和高分值者助人的天性和责任感产生共鸣一样，带有内疚感（尽责性的情绪核心）和窘迫感的宣传文案通常会对高分值者产生强烈刺激。你的语言应当是正式的和"适当的"（不带脏字），多使用冠词（例如 "the"），并减少对人的关注。按照时间线架构宣传文案是有效的，另外，你应当避免涉及因果关系或矛盾关系。尽量不以非常犹豫的或非常武断的特定方式交流，与这类人交流时最好避免出现这些极端情况。
- **说服原则**。秉持承诺、一致性和互惠原则的效果都不错。

低尽责性

- **特征**。低尽责性的人通常表现出无组织的、混乱的、具有创造性的、无野心的和健忘的特征，而且经常迟到。他们不太可能遵守规则，偏好混乱而非秩序，他们不恪守传统，而且很少有保守分子。其他特征还有粗心、不负责任、无秩序、轻浮和冲动。
- **在线行为**。低尽责性的人通常会频繁地使用 Facebook 和浏览网页（包括他们自己的网页），有很多粉丝，加了很多群。他们使用平台的目的是为了寻求接受（例如，为了找到归属感或者发帖让其他人感觉与他们自己更亲近）、联系与关心他人（显示对他人的关心和支持）以及寻求关注（包括炫耀）。从更广泛的角度来说，低分值者在使用网络时经常存在问题，例如病理性赌博、拖延症和网络神游，而且他们更有可能成为维基百科的编辑者。这些个体喜欢访问精神健康、音乐、动漫和文学类的网站，不喜欢展示他们真实的自我，而是宁愿展现一种理想化的人物形象。
- **架构你的宣传文案**。为了更好地接触低分值者，你可以充分利用发誓、赞同、否定和消极的情绪，尤其是气愤和伤心。突出你的宣传文案的人文元素也会有效果，而且你甚至可以把有关死亡的内容包括在内。任何看上去排斥社会的行为都会吸引这个群组的人，把你的宣传文案架构为一个风险因素也会产生这种效果。

- **说服原则**。损失厌恶、互惠原则和架构福利在当前影响更大，而非未来。

外向性 VS 内向性

你是精力充沛、积极向上、坚定自信和善于交际的人吗？你通常是在其他人的陪伴下寻求刺激吗？如果你的回答是肯定的，那么你可能具有高外向性分值并可能是合群的、健谈的和野心勃勃的人。与内向人群相比，高分值的外向人群通常更有表现力，更擅长解码非语言信息，也能更轻松地交到朋友，但他们有唯我独尊的倾向。

尽管外向的人通常可能更快乐，拥有更多的性伴侣，但他们也更可能因事故或疾病早早离世或成为医院的老病号。你的外向程度可以可靠地预测出你的酒精消耗量、受欢迎程度和丰富的情场生活，这并不奇怪。天平的另一端就是内向性。内向的人通常更加冷淡、害羞和关注内心世界，并有成为工作狂的倾向。内向的人通常思维缜密并擅长推理，但也有遇事钻牛角尖的倾向。

▶ 可采取策略

高外向性

- **特征**。外向的人喜欢社交活动，坚定自信，性格温和、主动、活跃。除了具有开朗和乐观的特征之外，高分值者还喜欢刺激，经常追求轰动的和耸人听闻的效果。
- **在线行为**。如你所料，外向的人更喜欢谈论社交活动，而且通常会积极地创造用户生成内容，发泄消极情绪和追求自我提升。作为典型的网络神游者，他们经常访问教育、环境科学和音乐类网站。高分值者喜欢社交并谈论自己、家人和朋友，也会分享他们最喜爱的娱乐内容的信息。他们的 Facebook 主要用来交流（在其他人的涂鸦墙上留言并跟帖）、表露情绪（例如发布"图片文字表情"和发泄失望情绪）和展示真实的自我。他们倾向于炫耀自己能娴熟地使用 Facebook，有更多的好友，喜欢欣赏自己的主页，添加他人的照片，频繁改变自己的头像。

- **架构你的宣传文案**，为了迎合外向者，可以使用简短、非正式的语言和感叹号，并加入强大、开朗、活跃、兴奋、关注、迷人、派对之类的词。高分值者倾向于大量使用人称代词复数（we，ours）和第二人称（you，yours），经常谈论家庭、朋友、身体和性。他们的语言通常是不加限制的、友善的和包容的，所以你的宣传文案应当是直截了当的、确定的和简洁的，并且内容是积极的。外向者通常追求感官满足，偏爱更大的感官刺激（包括大声收听电台广播），并会因兴奋、奖励和社会关注而激发行为动机。

- **说服原则**。互惠原则、社会比较、稀缺性、喜欢、社会认同和"先买后付"（外向者更看重事物的当前价值）这样的未来折扣，通常对这类人效果良好。

高内向性

- **特征**。内向的人通常更加拘谨、安静、害羞和沉静。他们有全神贯注工作的能力，也有耽于幻想的倾向，所以他们通常考虑周全但容易疲劳或厌倦。他们几乎没有朋友，也喜欢独处。

- **在线行为**。高分值者通常喜欢内省的、基于计算机的活动，例如 Photoshop 和编程，经常在网上谈论稀奇古怪的嗜好，例如日本动漫、看电视剧。他们对自我探索感兴趣，喜欢访问电影、文学、喜剧和儿童购物网站，而且极有可能沉湎于病理性赌博。

- **架构你的宣传文案**。内向的人更有可能使用文字性的表情符号（例如 O.O，>.<，q：，：_3，>_<，^.^ 等），使用冗长的、更为正式的语言（他们较多地使用冠词、副词和介词），表达生气和焦虑之类的消极情绪。以数字形式架构

你的宣传文案可能对这类人更具说服力，而且因为内向者通常较为拘谨、思维缜密、犹豫不决和安静，这样做会对你的交流有所帮助。你的宣传文案应当考虑因果关系（深究交流背后的原因），还应当注重工作和成就。

－ **说服原则**。社会压力和互惠原则通常对这类人效果良好。

亲和性

面对他人，你倾向于同情和合作而非挑战、怀疑或敌对吗？如果是这样，你多半属于高亲和性的人。这一特质描述我们与他人的关系令人愉快、讨人喜欢以及和谐融洽的程度。虽然高亲和性的人通常很受欢迎和爱戴，但这经常是因为他们将积极性归功于他人而且倾向于为他人的缺点寻找借口。由于高分值者在情绪上总是反应积极，所以较之那些低分值的伙伴，他们对强烈的、具有说服力的论点持更为开放的态度，一些研究也显示出这一特质对于说服策略是最敏感的。

在面对冲突的时候，富有亲和力的人通常采取更具建设性的做法，经常将竞争性态势转变为合作性态势。他们通常更具同理心，这样可以轻松看透他人的想法。他们也更有可能帮助各种各样的人——不管是朋友还是陌生人。神经科学研究显示，当高分值者经历困难的情绪或令人沮丧的交流时，他们会自动开始情绪调节（一项研究甚至发现，儿童对"令人失望的礼物"的反应表明，儿童也具有这种差异性）。

▶ 可采取策略

高亲和性

－ **特征**。高亲和性的人没有私心、容易合作，也值得信任。他们以一种直截了当和坦诚的方式交流，而且通常谦虚、恭顺、具有同情心、有眼力和富有感情。
－ **在线行为**。高亲和性的人通常热衷于使用 Facebook，一般也会频繁地浏览网页——他人的和自己的。他们通常会表现出真实的自我，并利用网站沟通、联系，以及关心和支持他人，并试图寻求他人的认可。说到他们频繁光顾的网站，有亲和力的人通常喜欢搜索关于教育、疾病和企业物流类的网站。

- **架构你的宣传文案**。为了与这类人建立良好的关系，你的宣传文案应当强调与家庭和社会的联系，以及共同目标和和谐的人际关系。你的语言可以更具包容性（we，our）、更友善，在情绪内容上更积极主动，把人们的见闻和感受作为关注的重点。你也可以借鉴高分值者使用数字和写作时使用过去时态的倾向，并加入涉及身体和性的内容（程度上稍逊于你针对外向者的做法）。有关休闲和家庭生活的内容也会受到普遍欢迎，而且原则上你应当避免围绕风险架构你的宣传文案。

- **说服原则**。互惠原则、社会比较和威慑型宣传文案（例如，声明某个行为与犯罪处罚有关）通常对这类人效果良好，道德型宣传文案（"某个行为是正确的"）和遗憾性宣传文案（"如果某个行为给你造成痛苦，你将会受罪"）也有类似效果。高亲和性的人也会对社会确认和喜欢以及损失厌恶更敏感。

低亲和性

- **特征**。低分值者通常自私、无情、争强好胜、个人至上，而且可能不太顾及他人的感受，表现粗鲁、苛刻和乖张。这类低亲和性的人可能不太友好，显得冷酷、铁石心肠、富有侵略性和对抗性，并且多疑、爱冷嘲热讽、愤世嫉俗和对人冷漠，更有可能充当反抗者的角色。

- **在线行为**。低亲和性的人更有可能变成多人在线游戏问题玩家，他们使用Facebook的目的是寻求关注，并喜欢访问儿童和青少年类以及社会、精神健康、物理和宠物类网站。他们还比较喜欢网络购物，且更有可能成为维基百科的编辑者。

- **架构你的宣传文案**。低分值者更喜欢发誓、表达消极情绪（尤其是生气），而且较之高分值者会更频繁地谈论死亡，你可以在网站内容的语气上充分利用这一点。对于这类人，适合谈论因果关系、金钱并将以风险来架构宣传文案。

- **说服原则**。互惠原则。

情绪稳定性

情绪稳定性特质最早被称为"情绪不稳定性",它是指我们对环境压力反应的好坏程度。高情绪稳定性者对压力的反应并不强烈,而且通常性情平和、镇定和很少感觉到紧张。他们的情绪通常非常稳定并有很强的复原能力,而且能够较好地应对失败、挫折和困难。

相反,低分值者可能更悲观、更脆弱,不安全感和自我意识更强烈。他们通常会体验到更多的焦虑感、抑郁和敌意,更有可能做出冲动的行为,而且与高分值者相比更难应对讨厌的事情。

▶ 可采取策略

高情绪稳定性

- **特征**。情绪稳定的人通常表现冷静、镇定、不急不躁,也不容易受到干扰。高分值者心态稳定、平静、不易动感情,而且内心容易满足,所以通常会显得轻松、自信。
- **在线行为**。情绪高度稳定的人经常谈论社会计划和体育运动,喜欢访问摄影、数学、市场营销和商业物流类网站,并喜欢网络购物。
- **架构你的宣传文案**。这类人非常喜欢谈论他熟悉的人(you,yours)、他的朋友以及周围的关系,整体比较自信。
- **说服原则**。和其他特质一样,互惠原则对这类人效果良好,而且恐惧诉求通常比非恐惧诉求更有效果。

低情绪稳定性

- **特征**。情绪稳定性差的人可能表现得焦虑、沮丧、紧张、充满敌意和喜怒无常，还有行为冲动的倾向。他们或许自我意识强、脆弱、不能容忍厌恶的事件，而且可能表现出非理性、焦躁不安的情绪并容易遭到打击。

- **在线行为**。低分值者可能更喜欢上网写评论、写博客、观看色情内容和在网上闲逛，也会分享他们喜爱的娱乐信息。他们经常转向互联网寻找归属感，而 Facebook 也不仅仅被他们用于与他人交流和查看他人的资料，还会被用于表达情绪（经常意味着发泄）和展示他们理想的或错误的自我。他们对病理性赌博更敏感，喜欢访问宠物、童子军活动、体育和物理学类网站。

- **架构你的宣传文案**。低分值者通常对威胁和不确定性更为敏感，因此任何围绕安全架构的宣传文案可能都很吸引人。这类人还对与他们个人有关的网站内容反应较快。"不要做这个"和"千万不要做那个"之类的警告语可能对他们更有说服力。差异也会吸引到他们的注意力，除非你在故意利用这项策略，否则一定要避免出错。低分值者通常更关注自我（I，me，mine）而不是他人（you，yours），并喜欢发誓和频繁使用否定词（例如，"no"）。尽管低分值者经常在网上表达各种消极情绪（例如，焦虑、生气和悲伤），但他们可能是试探性的和拘谨的，因此最好避免恐惧诉求。相反，应关注社交排他性、身体感觉、因果关系和确定性。

- **说服原则**。考虑到这类人高度的外控个性（External locus of control），除锚定之外，互惠原则、社会比较、稀缺性、权威和社会认同也对这类人效果良好。

PART2
第二部分

说服性沟通

当你说话时

1. 思维

沟通者和倾听者的大脑试图

合二为一

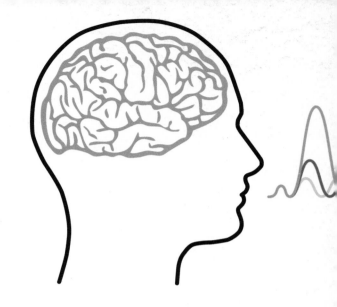

内容与媒体

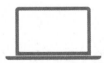 **网站** 目标与测试	 **图像** 直接关注	 **视频** 激发情绪	 **社交媒体** 负责任
有明确目的；确保视觉流畅；行动化繁为简；行动召唤清晰；使用高分辨率图像；引导用户的注意力；谨慎使用动态影像；你的内容实现全球本地化	包含笑脸；体现用户特质；利用对称性；紧盯直接用户；使用肢体语言；感知分组；神秘就是诱惑；使用情绪触发器	有清晰的目标；关注个体；使用叙事弧；激发情绪变化；使用峰终定律；设计你的缩略图；打破期待；注意各方面的比例协调	温馨而亲切；情绪传染；真实反映你的客户；使用触发词；个性化架构；实时响应；设定期望值；承认你的错误

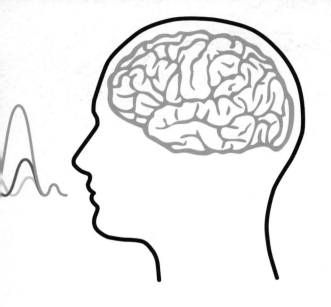

思维融合

2. 沉浸在同一个故事中——

两个大脑神经活动进入
相似的模式

色彩心理学

 激动、危险、性感、吸引力、情绪化、热情、活跃、朝气蓬勃

 平静、安心、放松、悲伤、信任、安全、富有

 活跃、兴奋、激动、温馨、谨慎、快乐、危险

 放松、地位、富有、温和、安宁、平静、美好

 富有、繁荣、死亡、正式、复杂、严肃

你的网站魅力
可以通过两种方式测定：

美感

- 文化特殊性
- 吸引力
- 形象得体
- 和谐与优雅

活力

- 内容充实
- 引人注目
- 色彩丰富
- 使用的趣味性
- 互动性好

06 BASIC PRINCIPLES
说服性沟通的基本原则

> 说服性沟通是指意在塑造、强化或改变另外一个人的反应的信息。
>
> **杰拉德·米勒，社会心理学家**

说服是一个我们影响他人的态度、信念、动机、意向和行为，同时反过来我们也受他们影响的过程。从要求涨工资和劝孩子们多吃蔬菜，到在交战国之间斡旋和平协议，说服都是一个精妙的过程，使我们能缩短不同观点之间的差距，帮助我们获得一个双赢的结果。

系统说服 VS 启发说服

泛泛地说，你可以使用两大说服过程：系统说服（诉诸某人的逻辑和理由）和启发说服（利用认知经验法则）。比如说，你试图通过一种系统方法说服你的客户购买一只电动牙刷。在这种情况下，你可能列出产品的规格，强调其优异的质量，并指出其相对于竞争产品在品质与数量上的所有优势。不过，如果你正在使用启发方法，你可能会说"这种牙刷卖得太火了，我们快没货了"（稀缺性），或者"这是牙医最喜欢用的牙刷"（权威性）。

由于我们的认知能力有限，而且系统方法是需要付出一定努力的，所以大多数说服策略通常依靠启发法来影响我们的决策。无论决定采用哪种方法，你都必须有一个信任的基础。由于信任被认为是发展和维持愉快和良好关系唯一重要的因素，所以信任（或缺乏信任）可以创造（或破坏）成功合作关系——不管是在爱人之间、朋友之间还是一个品牌及其客户之间。

▶ 可采取策略

说服过程

- **系统方法**。如果你的潜在客户对认知有强烈需要（他们介入并喜欢思考），那么采取一种系统性说服方法可能效果更好。列出你的产品或服务的规格、其相对于竞争产品在品质与数量上的优势，以及任何"独特的卖点"（USP）。方便你的客户以一种结构化的、流利的方式获取信息，并允许他们在有意愿的时候深入探讨细节。实现这种意愿的重要方法之一是通过选项卡式菜单或下拉式菜单整合信息，这将在允许所有相关信息保持可获得性的同时降低认知负荷。
- **启发方法**。如果你的受众无论在时间还是在注意力方面都很匮乏（就像我们大多数人这样），而且对认知的需要程度不高，那么采取一个不太费力的途径可能效果更好。这意味着可以利用诸如稀缺性、社会认同和喜欢等认知经验法则设计体验、宣传文案和互动。上述内容我们将在本书第三部分中进行详细阐述。

信任与同质性

你该如何建立起一个稳定的信任基础并由此开展说服性沟通呢？一个最好的出发点是按照你的价值观锚定自己，然后在业务范围内将它们表达出来。长期以来，尽管合作性组织与公平贸易企业时不时地成为社会舆论讨伐的对象，但近年来，我们也看到一大批知名企业快速进入公众视野，它们的商业模式不仅仅是追求利润，还致力于制造积极的社会与环境影响，例如汤姆布鞋、Patagonia 和

Etsy 等。

随着日益壮大的客户群体（尤其是千禧一代）期待企业公开承诺争当优秀企业公民，在将企业发展动力透明化的问题上，企业都面临着越来越大的压力。类似公益企业（B Corp）①这样的运动已经拉开战争帷幕。如果说在经济影响方面你还有什么疑问的话，那我们会用数据说话。尼尔森发布的报告称，仅在 2015 年，公开承诺可持续性品牌的消费品全球销售额增长了 4%，与此形成对照的是未公开承诺可持续性品牌的消费品全球销售额仅增长了 1%。不管你的动机如何，只要你明白"多行善事，福禄自来"就够了。

不管是通过共同价值观还是其他可以被感知到的共同特征，当被信息源（例如人或品牌）说服后，我们都倾向于更积极地响应那些我们觉得可爱的、可信的和与自己类似的人——这就是所谓的同质原则（爱及同类）。考虑到我们也认为同质源是值得信赖的和可靠的，如果你在设计宣传文案时能匹配客户心理（他们独特的价值观、动机和需要），那么便有可能与他们建立起更密切的关系。

由于此类活动可能具有迷惑性，不排除大公司为了让我们买它们的产品而精心设计角色定位。很显然，你会在广告中看到以下情况：一位友好的、衣冠楚楚的"律师"告诉你你有权得到补偿，或者一位很有魅力的"医生"提醒你这种特殊的减肥药是安全的。"那就是一个演员扮演的"，我知道你会这样说。好吧，是的，但即便那位演员对法律或医学一窍不通，这种他或她看上去如上述圈子中一员的事实，经常足以说服我们的潜意识相信他们传递的信息。

这类广告之所以有效，是因为它们利用了大脑的一种不可思议的能力，即提取"外貌线索"。当把一个人的魅力与外貌线索结合之后，这些线索便可能会明显地影响我们对某个人的信任度。事实上，1979 年进行的一项独创性研究就揭示了这一古怪的现象。当年，一群匿名研究人员曾要求一些学生签署一份移民申请。

---

① 为希望同时造福社会和股东的公司提供一种体系和认证。

不出所料，事实证明最成功的申请人也是被认为最有魅力的人。

▶ 可采取策略

- **你相信我吗?** 我们倾向于相信可爱的、可信的和与我们自己类似的人，并判断同质信息源更加值得信赖和更可靠。为了在沟通过程中利用这一点，你需要研究受众的价值观、动机和需求，并将这些信息反映在你创建的语言和视觉内容中。客户的人格、年龄、性别和文化会透露出他们的偏好，所以不管你在利用雇员还是演员展现你的品牌价值观和宣传文案，务必确认他们与你拥有明显的共同特征。有一个案例值得一提，这就是莫兹的"Whiteboard Friday"。这是兰德·菲什金（Rand Fishkin）和其他社区成员共同制作的搜索引擎优化（SEO）视频系列。他们和他们的受众一样都是聪明伶俐、平易近人和个性迥异的人。
- **外貌很关键**。虽然我个人认为在广告中使用假医生和假律师的手段有些不入流，但如果你能诚实地利用外貌线索（起用真实的医生、律师、女商人或其他人士），它便可以快速、方便地在视觉上传递可信性和权威性。
- **多行义举**。对于怀着自私主张的产品推广行为，我们一眼就能识别出来，所以当你介绍你的优良业绩时，可信性和真实性都是基本要求。为了获得最佳结果，可以借助第三方验证（例如独立研究或新闻报道）、与权威的非营利组织建立友好关系、年度报告或员工志愿服务之类的多重渠道展示你的业绩。你也可以在相关的社交平台上分享你的故事，宣传和交流你正在社区内开展的工作。可以考虑 Instagram 和 YouTube 这些平台（视觉内容通常效果最佳，因为它更容易处理，引发快速的情绪反应，并可迅速分享）。

流畅性

说服性宣传文案是我们认为最容易处理（认知流畅性高）而且通常最有效的

信息。不管内容如何，如果你能以一种视觉清晰（感知流畅）、语音简单（语言流畅）和语义明确（概念流畅）的方式发布宣传文案，那么较之那些并不流利的宣传文案，这条宣传文案很可能被认为更值得信赖。不管是线上还是线下，这种努力都将带来一种更加畅通无阻的体验，有助于与你的品牌产生积极的情绪联系。

如果你希望增加你的宣传文案、交互界面或内容的流畅性，可以尝试很多不同的方法。其中一种方法是利用重复性——与新的和并不熟悉的表述相比，当人们反复看到或听到一段表述时，他们倾向于将其归入较为真实的信息之列（不管他们是否记得此前看到过），这就是重复性的行动召唤、短句和朗朗上口的宣传文案（例如麦当劳的"我就喜欢"）常常更令人难忘和更能激发购买欲的原因。

另一种增加流畅性的方法是使用客户会悄悄领悟其结构的信息，这样当他们看到某种类似的东西时，会有似曾相识之感，因此也更容易处理。在这方面，耐克著名的三词宣传文案便是最好的例子。如果你认出了它们的宣传口号"Just Do It（想做就做）"，想必你在心里也会想起它们的"Find Your Greatness（活出你的伟大）"广告宣传活动，因为它也遵循相同的三词结构。

你也可以让人们更容易处理感知（设计）特征，以此提高流畅性。研究显示，当一个界面在视觉上很容易理解时（感知流畅性高），我们便能体验到一种愉悦感，这种愉悦感反过来会增加我们的购买意向和我们给予回报的可能性。通过评估访问者准确无误识别内容的轻松程度，你可以测定你的交互界面或市场营销内容是否具有高感知流畅性。这样做的目的是简化和整理你的视觉内容，以最大限度地降低访问者的认知负荷。

在创建文字内容时，为了最大限度地提高语言流畅性，你可以在文本与其背景之间增加对比度，并使用容易阅读的字体（例如，英文写作时常用到的灯芯体）。研究发现，高质量的字体不仅能提升处理过程的流畅性，还可刺激积极情绪，这种情绪反过来会激发一个人的购买欲望。

类似 North Face、Jeep 和 American Apparel 这样的大品牌在其 Logo（一种让信息处理起来更容易、让指导原则执行起来更简单的策略）中均使用这种方法。这会带来一种积极的净效果，即客户通常错误地认定相关物品的品质——指正在销售中的产品或服务。很多最棒的登录页在设计时都使用了这些涉及语言和感知流畅性的原则，其中一个很精彩的例子是 OKCupid 的主页。它有简洁的布局、强大的独特卖点（"加入世界上最棒的免费约会网站"），并有一个行动召唤相助。简单的主页会提供快速、流畅的处理过程，从而增加新访问者转化为客户的可能性。

需要指出的是，如果你使用新词或不熟悉的词、名字或概念，词读着越顺口（以及你所使用的句子结构越简单），你的宣传文案失败的风险就越小。当然，有时候，你可能希望你的文字传递出风险意识，尤其是当你正在为惊悚的过山车游乐项目创作一条广告，你希望积极主动地吸引寻求刺激的客户时。类似地，当人为地让日用品给人带来一种生疏感时，因不流畅和认知紧张等原因，会导致日用品的吸引力降低；但当涉及奢侈品或特殊场合用品（此时我们更可能重视排他性）时，事实上可能出现相反的情况，那些非常令人费解的产品反而显得更加独特或与众不同。

尽管很多研究显示，成功沟通的关键依赖于满足用户的期待和渴望，但由于很多事情受心理因素的影响，现实比它最初的表象要复杂得多。例如，当文本较难理解的时候，我们需要花更多的时间处理信息，这不仅会留下更美好的回忆，还会让人认为产品真的物有所值。更重要的是，尽管我们可能偏爱看上去清晰易辨的字体，但面对价格接近的产品，那些以很难辨认的印刷字体标注价格的产品销量会增加。当然，这两个情景都仰仗我们的大脑成功处理不易辨认字体的能力，而处理不易辨认字体的过程反过来也依赖于我们更深入地处理信息的能力（系统说服）。

关于不流畅，我想说的最后一点是，它在信任构建和企业社会责任（CSR）方面发挥着作用。虽然大多数消费者和高管都认同 CSR 对一家公司的信誉和长期股东价值是好事，但也有一些研究发现，如果联系并未建立起来，那么传播一个奢侈品牌的企业社会责任实际上可能损害这个品牌的形象。例如，如果客户把一个奢侈品牌（例如劳力士）与自我提升概念（支配资源和其他人）联系起来，那么一个关注亲社会行为影响的 CSR 策略便会与这种形象产生冲突，造成认知失调（cognitive dissonance），可能会侵蚀可信度。另一方面，同样的 CSR 策略可能对像汤姆布鞋这样的品牌产生重大的影响，因为它们的核心价值观是重视自我超越。品牌理念会自动地、在潜意识上刺激相关动机和目标，但如果该品牌触发的动机与 CSR 行动触发的动机存在冲突，会对该品牌的信誉产生消极的影响。

然而在涉及广告宣传时，以稍显不协调的品牌信息为特色的广告实际上可能带来更深入的处理过程、更美好的回忆、更肯定的赞誉，以及对广告和品牌自身更积极的态度。此处需要掌握的技巧是，在协调和极端不协调之间的某个地方寻找甜蜜点（sweet spot）——指人们有充足的认知资源搞清楚神奇的信息，而又不会感到困惑和挫折。如果品牌不能解决这些矛盾，实际上可能削弱其形象，而客户也会完全忽视这条广告。不管你采用什么方法，都要记住没有哪一条策略能够适应所有的人格和所有的环境，因此，如果你希望有效地利用这些原则，就必须对其进行分离测试。

▶ 可采取策略

流畅性

- **重复与回放**。不管是在你的交互界面还是在你的营销材料中，如果希望吸引人们关注一条宣传文案或行动召唤，你就必须重复足够多的次数，这会增加它们的流畅性，但不可以多到烦人的地步。当然，这意味着分离测试各种方案，直到得到想要的结果，此时你可以借助 Optimizely（全站 A/B 测试）或 Unbounce（用于登录页）之类的服务。
- **结构**。尽管这一原则很难实施，但如果有识别度较高的宣传语，你就可以将这个宣传语的结构或韵律移植到你的宣传文案中，或使用具有类似含义的词，使其更为流畅。

- **感知流畅性**。保持信息简单明了、视觉层次清晰，减少视觉混乱，使用深色或背景与前景之间用高对比度，适当使用对称手段，以便用户更轻松地处理视觉内容（市场营销、视频、网站）。

- **语言流畅性**。如果你希望人们熟悉你的品牌、遵从你的说明或更快地阅读你的内容，建议使用清晰的高对比度文本以及无衬线字体。尽量保持文字和句子结构简单、方便阅读。

- **在使用不流畅性时**。当你希望客户更深层地接受你的宣传文案，感受到某种奢侈品的独特魅力，或者你希望提升某种促销产品的销售额（例如，通过设计一条横幅广告）时，你可以使用较难辨认的字体。

07 OPTIMISING YOUR WEBSITE
针对目标用户优化交互界面和营销策略

　　问题在于，就大多数交互界面设计问题而言，并没有简单的"正确"答案（至少对重要问题而言是这样的）。满足某种需要的优秀的整合设计会产生好的效果——深思熟虑，执行良好，通过测试。

史蒂夫·克鲁格，社会心理学家

　　在设计交互界面时，很多变量会影响访问者的行动和行为。由于人们使用的设备及其分辨率以及浏览器各不相同，不用说，你的界面必须使用一种响应式设计（Responsive design），这样才能针对所有设备提供良好的用户体验。由于一个网站的美感与易用性可能在很大程度上影响整体点击率，所以这一点尤为重要。

　　虽然很多因素都对说服式设计有帮助，但一个交互界面的成功往往归结为两件事：

- 谁会使用你的交互界面（人口统计学和心理变数）；
- 为什么他们会使用你的交互界面（他们的目标）。

　　按照心理学家马塞尔·戈曼斯（Marcel Gommans）及其同事的说法，一个好的交互界面"必须针对目标客户群进行设计"，这意味着你的界面和市场营销策略应当建立在一个针对你的目标市场全面分析的基础上。然而，众多企业恰恰忽视了这个基础，这也是它们失败的最大原因之一。

至于电子商务，你面临的一个最棘手的问题是信任缺失。从一个人登录你的界面那一刻开始，你要在关键的几秒钟里给对方留下积极的印象——如果你未能吸引住他们，他们就会选择离开，并带着他们宝贵的业务一起离开。考虑到你的可信度水平会让你的宣传文案有较强（或较弱的）说服力，所以这里有必要多探讨一下如何提高你的可信度。

在一项调查界面内容与整合设计二者谁对界面的可信度影响更大的研究中，研究人员发现那些首要目标是搜索信息或产品的访问者更可能注意内容，而非内容的呈现方式。研究报告称，在这种情景下，最重要的是界面信息要准确、有用、清晰和聚焦，除此之外，写作风格、隐私和客户服务同样重要。与此形成对照的是，较之这些侧重搜索信息的伙伴，那些在该交互界面花更长时间的普通访问者更有可能注意设计、可读性、功能性和感知安全之类的元素。

在涉及电子商务时，除了产品描述和客户评价之外，我们大多数的互动依然是非语言形式的，而且我们经常基于对一个界面的审视和感觉（美感或构思）来决定我们是否在此停留。令人感兴趣的是，研究发现，特定的设计特征（包括品牌推广和提供用户反馈的能力）会增加信任感，所以如果我们喜欢某个界面的外观和功能，我们更有可能会回来继续浏览。不管你以个人身份还是以公司身份做交易，充满活力和具有专业性这类特点都可以带来强大的网络信任感，贯穿你的界面和品牌的一致性设计也是如此。因此，为了提升交互界面的美感和非语言吸引力，你可以使用哪些心理学原则呢？

美感

如果追溯一下我们的祖先，你会发现他们对美的感知取决于他们生活的地点和时代。从最早的旧石器时代性感的维纳斯雕像到今天的零号身材模特，乍看起来，人们想当然地认为，美感在本质上属于内在动力。然而，虽然趋势可以塑造人们对美丽的流行认识，但如果你深入思考一下就会发现，在整个历史进程中，很多基础的吸引力原则一直在发挥作用。

从一丝不苟的自拍到时尚的高端广告，我们这个任何照片都要靠修图的世界表现出对美的一种浮躁的迷恋，然而正是这种理想主义的完美和性感成为某些最具影响力的人类沟通技巧的内在动力。同样可能属于陈词滥调的是，我们都知道性感也是一个卖点。

弗洛伊德说人是受他或她的自我保护和一点儿"你的父亲如何"或"你的母亲如何"之类的生物学动力推动的，我想他只说对了一半；使用明显的性暗示吸引潜在客户的注意力可能不合适，但使用对称（尤其是在脸部）可能是性感和遗传适合度（Genetic fitness）的一个具有说服力的标志，可以触发观看者（与性别无关）的吸引反应。令人感兴趣的是，类似外向性和开放性这样的人格特质也一直与脸部的对称性关系密切。如果你是以上两种特质的高分值者，这是一件好事，因为人们在选择配偶时一直比较关注对称性。

虽然我们发现匀称的脸庞更有吸引力（想一想碧昂斯和乔治·克鲁尼这两位大明星吧），但令人奇怪的是，这种对对称性的偏爱还延伸到了其他视觉媒体——从简单的黑白几何形状到交互界面自身。事实上，在最近的一项功能性磁共振成像（fMRI）研究中，心理学家发现，当我们就美丽程度做出相应的美感判断时，我们大脑的特定区域会变得活跃起来；当我们判断某个物体具有对称性时，这一区域会同样会活跃起来。

这个结论听起来似乎没有什么可令人兴奋的，但它表明在对称和漂亮之间存在某种神经联系——这意味着在设计交互界面时使用对称性可能是使其更具吸引力的好办法。需要明确的是，我的意思并不是说如果你将一个交互界面从中间一分为二，你就应当在每边设置一个完美的镜像，而是说界面左右两侧的可视化组件应该保持良好的平衡。

尽管上述镜像对称（Reflectional symmetry）可能是增加你的界面（代表你的

品牌形象）吸引力的好方法，但你也可以使用其他视觉工具更具说服力地传达你的信息。例如，普林斯顿大学神经科学研究所的研究人员发现，在面对杂乱的界面时（例如 Mail Online 网站），明显的混乱无序会限制你的大脑聚焦和处理信息的能力。如果反其道而行之，清理掉界面上不必要的零碎视觉材料，这会使你有意识地将访问者有限的注意力引导到重要的信息或行动召唤（依然是通过增加认知流畅性）上。

色彩是另一种引人注目的设计元素，主要是因为它们可以激发特殊的情绪和联系。例如，如果我让你画出一个清新的颜色，你会想到什么？如果是一个具有挑逗性的颜色呢？或者令人安静的颜色呢？如果你来自西方国家，你会不费吹灰之力便能想到：绿色、红色和蓝色。我们一直使用情绪词描述色彩，但由于我们极少赋予它们更多的想法，所以很容易忘记我们的体验、联系和意义建构可能与我们客户的体验、联系和意义建构存在巨大的差异（我们将在第 9 章中对此进行详细探讨）。

例如，你对一个界面的视觉复杂度和色彩的偏爱程度会随着你的性别（女性通常偏爱更多的色彩）、教育程度（教育程度越高，对色彩的需要越少）和文化（如果你是马其顿人，你可能偏爱色彩更丰富的设计；如果你是俄罗斯人，则喜欢视觉上不那么复杂的网站）的不同而不同。

性别差异

尽管我不太喜欢按性别划分偏好和行为，但我确实认为，承认差异存在（也包括网络环境）是有价值的。除了基于文化和特质的差异外，性别也在我们感知一个网站的吸引力和易用性方面发挥着重要作用，尤其是在个人主义文化里，例如北美和英国。一些研究显示，男性都偏爱更光鲜、更有活力的交互界面，反之，简洁朴素的设计通常在女性中更受欢迎。

有证据显示，无论是归因于界面设计，还是归因于女性在网上购物时感受到的更大风险，女性浏览网页时通常比男性要消极，因为很多女性认为网络环境是

"男性化"的（其中一些建议可能导致女性产生自身权利被剥夺的感觉）。也有研究显示，男性通常声称"网络购物体验满意程度比女性高"，再加上事实上，至少在美国男性现在的网络购物无论在频率上还是在支出上，均超过了女性，这也许告诉我们为了以更有说服力的方式吸引女性顾客，雇用更多的女性设计师会带来更多的收获。

文化差异

我们的审美观源自天性还是教养？我认为这取决于你如何看待这个问题。正如我们已经看到的，我们审美偏好的某些方面的确是主观性的——明显受文化、性别、年龄和社会环境的影响。然而，考虑到我们拥有共同的祖先，我们或许可以（适当地）假设大脑，比如说，对运动和明亮颜色的反应通常是天生的。无论你属于哪种思想流派，一旦我们开始观察潜在的审美动力，最终都会出现一幅多层次的、细致入微的图画，其中普遍偏好和个体偏好交织在一起，构成更加丰富的色彩。

所以，让我们稍微深入地探讨一下其中一个决定性因素。2010 年，一个心理学家团队开展了一项研究，旨在调查文化如何影响用户对一个界面美感的反应。他们在考察了各类交互界面后发现，有两大维度在支撑一个界面的整体吸引力：

● 审美诉求；

● 活力诉求。

第一个维度测定一个界面的视觉吸引力——视觉呈现是适当的、和谐的和优雅的。第二个维度测定一个界面引发用户关注的能力——它是彩色的、交互式的、有趣的，并可以营造出某种效果。

研究人员发现，尽管一个界面的审美诉求可能受文化差异的影响，但其活力诉求依然具有普遍性。通俗地说，这意味着如果你的交互界面设计能体现出适当的文化审美和引起普遍的关注，你将更有可能吸引到意向客户的注意力并激发积极的情绪反应。

网络的共同语言

我们刚刚探讨了特定文化优势对界面设计的影响。在写作本书时，英语依然是网络上使用的主要语言，使用英语的用户超过 8.7 亿人（使用汉语的用户紧随其后，超过 7 亿人）。尽管互联网的初始阶段非常简陋，使用只能适应罗马字母的文本格式（ASCII），但现在互联网的技术基础已经发生了巨大的变化。1998 年，据估计有大约 75% 的界面使用英语；到 2016 年，这一数字已经降至不足 53%。虽然准确数字很难确认，但它们还是为我们呈现了一个更为多样化的网络，不同国家的人们在这个网络中开展协作、联系和贸易，而且超出了地理与语言的界限。

随着水平越来越高的翻译工具（例如，专门为 Twitter 打造的必应翻译工具）的推出，进入一个真正全球化的网络变得比以往更加轻松，而较早接入互联网的国家现在通常使用本国语言和英语提供网站内容。如果你希望吸引到更为庞大的全球受众，现在应该做的不是快速安装机器翻译组件，而是雇用一批专业母语人士将你的界面内容准确翻译出来。这样做不仅可以让你在面对目标市场时熟练地使用成语和特定措辞，还能帮你避免词不达意的直译引发的尴尬。

动态影像

说到效果明显的界面设计，动态影像（不管是视频、动画还是任何动态元素）便是提升（也可能是损害）观看者整体体验的核心组件之一。尽管我们与以狩猎为生的祖先相隔数千年，但他们的经验依然影响着我们今天的生活。虽然我们已经不再打猎，但我们将进化而来的对运动的敏捷反应（不管是焦点反应还是末梢反应）保留了下来。在网络上使用设计粗糙的动态影像，会分散观看者对预设焦点的注意力，从而出现高低转化率之分。

考虑到大脑的注意力水平有限，再加上我们如今生活在一个多彩的世界里，这意味着我们有限的资源经常被分摊至各种同时发生的活动中，它们都在与我们争夺焦点。这让梳理和优化用户体验成为更重要的工作内容，无论你做什么，只要能够最大限度地降低你对客户注意力的需要，都会有助于创造一个更为流畅的网上冲浪之旅。此时的目的是减少用户执行相互冲突的平行任务的可能性。用让人分心或构想拙劣的内容会折腾你的潜在客户，降低他们在你的界面上处理信息的能力，从而降低他们的参与度并最终导致转化率下降。

如果部署周密、得当，动态影像可以用于界面、广告和内容中，这样可以把观看者的注意力引导到特定的行动召唤上来。我们可以借助一个范例阐明这一点。为了吸引访问者的目光，爱彼迎（Airbnb）网站曾经在首页导航头图位置使用了温馨感人的全宽视频。该视频会自动播放，通过精致的动态影像，让观看者在瞟向动态影像周边区域之前第一时间将目光锁定在网页中间的行动召唤上。根据心理学的观点，这种方法具有综合效果，既吸引人的眼球，引导注意力转向行动召唤，又能刺激观看者对影片的内容产生一种情绪反应。使用情节紧凑的全屏视频会导致你的注意力从行动召唤移开，所以使用这种视频的界面与用上述设计思路的界面相比，哪种动态影像产生的效果最好，你立刻就会心中有数。

在涉及独立内容时，如果你正在制作供社交媒体使用的聚合内容或登录页上的自动播放视频，抑或是 GIF 动画，你可以利用你的观看者对运动的敏感性，设计引人注目的模块，从而刺激他们进一步观看。任何引发强烈情绪反应或好奇心的内容都会有明显的效果，因为大脑不喜欢有任何事物留下未解谜团，因此希望逗留于此并了解完整的故事。

信息架构

从本质上讲，信息架构是指你在你的交互界面上组织内容的方式。由于我们中的大多数人上网是为了搜索特定的信息，所以如果你清楚如何架构你的界面，以便以一种轻松、有益的方式为访问者提供信息，那么他们才会有更强烈的意愿回访你的界面。

你可能猜到了，当信息完美呈现的时候，会降低终端用户的认知负荷和付出的精力，并为他们带来更为流畅的体验。其中一个最简单的方法是为最重要的信息制作引导标志，从而确保访问者尽可能简单、快捷地浏览到他们感兴趣的内容。在这方面做得好的界面更有可能降低界面跳出率，并更长时间、更有效地留住客户，以便有大量时间引导用户向期望的结果转变。

一般而言，一个标准化的交互界面设计方法已经可以满足我们的要求，然而，规则都有例外。在某些情形下，打破交互界面的预期流量或设计在实践中可能会起到意想不到的作用。通过干扰人们的期望值和自然行为，你可能会让他们对特殊信息立刻产生兴趣，有时还会提升另类行动召唤的效果。不过，应谨慎使用这一策略，而且除非你有很好的理由这样做，同时还有一个经验丰富的设计团队帮助你圆满完成任务，否则我也不会推荐它。

易用性

在涉及如何布置界面内容时，不同的设备有不同的屏面折叠位置（也就是屏幕的末端），这个折叠位置会对易用性造成很大的影响。根据经验，你应当提取精华内容并将关键信息展示在首屏，这样不管你的客户使用什么设备，他都不用滚动屏幕便能获得该信息。当然，尽管功能很重要，但第一印象（尤其审美方面）也可能影响一个用户对你的界面易用性的感知。由于最初印象不可思议地顽固，所以请务必做好首屏设计。

总的来说，尽管各种趋势层出不穷，但大多数交互界面在常规外观与结构方面都遵循类似的惯例。例如，你通常能在页面上方看到导航条，在中间或左上角看到 Logo，在底部看到联系方式。我承认你可能觉得这有点儿小儿科，但在此有必要提醒的是，如果你注重满足客户的期望并创造出一个看上去熟悉的空间，那么你就是在解放他们的注意力，从而让他们专注于你的界面的重要元素，例如内容与行动召唤等。让你的界面简单易用，这实际上给了客户更大的心理空间来接收真正有用的信息。

并非只有实现标准化才能改善你的界面的可理解性。在涉及网页设计时，有时一张图片真的能达到"一切尽在不言中"的效果，再加上视网膜屏幕的普遍采用，现在优化你的图像以获得最佳效果就变得比以往更重要了。例如，如果你在一个电子商务平台（例如，亚马逊）上销售实物产品，那么就有必要知道，客户通常偏爱高对比度、高景深、色彩柔和且关键对象看上去较大的产品照片（例如，一双占据照片四分之三区域的运动鞋）。

如果你使用 eBay 之类的拍卖网站，采用大幅照片通常会提升销量，使用真实照片（而不是图库照片）也会取得相同的效果；另外，图像的数量越多、质量越高，就越能抓住客户的注意力，增加信任感和强化购买动机。如果你使用这类平台销售商品，你可以上传额外的照片（不规则裁剪的以及局部放大的现有照片），将有助于展示产品的细节，提升销量。假设你正在销售高品质的商品，你的客户查看它并实现充分互动（不管是通过视频、客户评价，还是高分辨率照片）越方便，他们购买的可能性就越大。

无论是受功利主义还是情绪动机的驱动，人们天生都在寻求个人满足感。当我们搜索、挑选或使用某种产品时，抑或当我们与一个服务商打交道时，我们都有可能体验到各种不同的心情和情绪状态，而且一种产品呈现的方式实际上也会影响上述状态。由于积极的情绪通常让我们感到更乐观、自信和不受约束，所以那些感觉良好的客户理所当然地更有可能上网冲浪，在整个购物体验中风险感知较低，并表现出更高的购买意向。

虽然我们都知道创造愉悦的体验会鼓励新访问者再次访问你的界面，但吸引回头客显然不那么容易。因为他们已经知道了你，所以他们可以更明智地评估你的网店信息和属性，这意味着他们的动机将不同于那些与你进行第一次交易的人。在涉及销售时，新客户通常受到界面布局、易用性和企业规模与信誉的影响，而回头客则对便利性、产品的丰富程度，以及整体体验的游戏性更为敏感。

充分利用情绪与游戏的乐趣可能是一条提升销量的有效途径。有一个不错的例子值得一提，这就是 Bellroy 设在网站登录页上的"钱包瘦身"挑战。作为高档钱包供应商，它们利用对比原则将一款标准钱包与他们自己的品牌产品做对比，邀请你在这个页面上拖动滑块，并观察如果你用它们的钱包，你的钱包会有多么薄。当你向下滚动页面时，一个简单的停帧视频（stop-frame video）会吸引你的注意力，向你展示钱包装满的过程，通过这种手段，这个有趣的微视频会激发对这种产品的亲切感和联系。

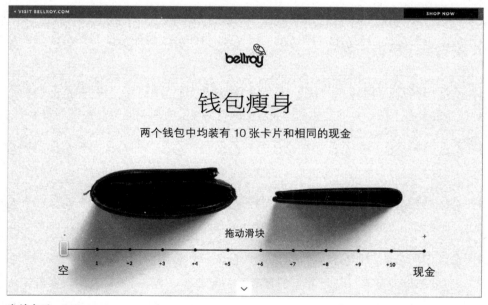

资料来源：bellroy.com。

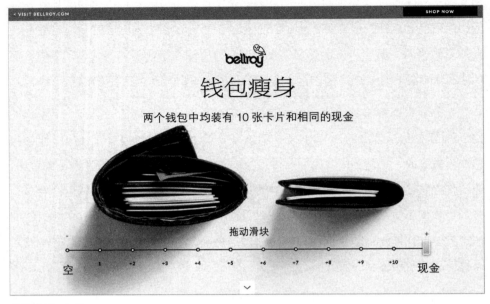

资料来源：bellroy.com。

广告与特定设备行为

每次参加会议时，我都会收到很多问题，其中最普遍的一个问题是：如果客户使用的设备不同，是不是他们所表现出的行为也会有所不同呢？答案是两个字：是的。

现在有超过一半的网络流量来自智能手机和平板电脑，所以它们也产生了大约一半的电子商务交易量，这并不奇怪。尽管这两种设备的屏幕不大，触控区很小，带宽也不稳定，而且台式设备的使用方法更智能，但我们依然坚持在平板电脑和手机上完成各种形式的任务。

谷歌的报告显示，至少 30% 的智能手机搜索量与地点有关，其中查询量最高的内容包括"到哪里去买 / 去找 / 去取""现在营业的商店"和"现在营业的美食"。而且，在这些搜索中有大约 28% 的搜索实际上导致了购买行为的发生，这意味着如果你不面向本地搜索优化你的交互界面（不管是通过 SEO 还是社交内容），你将会错失很大一块持续增大的蛋糕。考虑到现在大多数社交媒体消费都是通过智能手机 App 完成的（仅在美国就占了社交媒体消费总时间的 61%），如果你希望提升你的影响力并吸引更多的受众，你可以着手创造能在客户活动的主要平台上分享的高价值内容。

从逻辑上讲，当我们在手机上与谷歌搜索结果互动时，通常首先显示付费广告和知识面板，这意味着与在台式设备上使用谷歌搜索相比，想找到靠前的自然排名可能要花较长的时间。由于手机的屏幕较小，我们通常不太可能向下滚动去翻看第四屏自然排名的内容，这意味着如果你的排名不在前四屏之列，你便有可能失去宝贵的流量。反过来说，在手机平台发布广告的展示效果通常明显好于台式设备，尤其是涉及提示知名度漏斗底部和品牌美誉度的广告（推荐并强化购买意向类的手机广告可能也不错）时。这或许是因为手机广告距离购买场景更近，而且通常垃圾广告较少，因此带给观看者的认知负荷更低。

当然，由于现在越来越多的人使用了广告杀手，所以有些广告永远到不了特定客户那边，而且不再局限于台式设备的用户。在全世界 19 亿智能手机用户中，据估计有大约 22% 的用户（4.19 亿人）现在正在拦截手机浏览器的广告——是台式设备上的两倍，甚至内容广告和 App 内置广告也被波及。由于更多的人下载了拦截广告的浏览器、App 和插件——这一趋势在中国、印度、印度尼西亚和巴基斯坦等国表现得更为明显，所以如果广告行业想生存下去，就必须为其广告寻找一条对接收者更为稳妥、公平和尊重的途径。考虑到网络广告有可能吞噬掉你每个月的大部分数据流量，甚至在一些颇受尊重的网站也存在很多隐匿跟踪代码和恶意软件，所以该行业正酝酿着一次剧烈的洗牌。对此，你该怎么办呢？

少安毋躁。美国互动广告局（IAB）技术实验室建议广告的发布者采取 D.E.A.L 法，具体来说就是为了发起一次对话，首先**检测**（detecting）广告拦截工具，然后**解释**（explaining）广告可以实现的价值交换，**请求**（asking）用户改变行为以维持公平交换状态，然后**取消**（lifting）访问限制或采用**有限**（limiting）访问方式以响应客户的选择。考虑到广告拦截工具的使用相当普遍，所以这种价值交换实施之后会带来什么积极的结果还有待观察。与此同时，在你发布的内容、跟踪的数据以及参与的社交互动方面，对你的访问者保持充分尊重有助于在你和客户之间建立起更值得信赖的共赢关系。

那些面向更年轻的专业技术人士或主要面向男性受众的企业和交互界面大多处于危险之中，它们似乎受到的影响更明显，因此如果他们就是你的目标受众，你也许不得不寻找更有创造性的方式，主动出击并建立起公平的交换关系。

行动召唤

不管是要求人们订阅你的简报、注册获取免费试用品还是购买你的产品，为了触发你所期望的反应，你都需要一个说服性行动召唤。

行动召唤通常采用浮动按钮显示，而文本内容经常通过祈使语气向客户发出礼貌的命令，例如，"现在就打电话吧""今天就去扫货吧"或"免费注册吧"等。如果行动在本质上是功利性的，例如，在购物车中加入一件商品或者去结账，那么行动召唤通常就应当尽可能简单、直接。清晰的目标会把用户的注意力引导至一个单一结果，由此会降低认知负荷并增加转化率。

然而，为了取得更好的效果，行动召唤不必表现得过于刻板。基于品牌声音（brand voice），你也可以使用更具描述性的文字解释行动，例如，放弃使用"提交"这样的词，尝试使用"获得免费报价"；如果你正处理一条购买信息，可以用"加入购物车——节省15%"代替"现在购买"；再比如，用"获得免费报告"代替"下载"。另外在行动召唤中使用"我的"好还是"你的"好（对比一下"获得我的免费报告"和"获得你的免费报告"）取决于多种因素，如访问者对你的品牌的熟悉程度、他们被要求参加什么行动，以及行动与他们有多大关系等。虽然两个词在不同的语境下可能都有效果，但为了确认哪一个选择更好，你需要分别测试一下。

根据经验，用户通常对模棱两可的话比较反感，所以有必要专门测试行动召唤，以减少访问者的不确定感（例如，奈飞的"免费加入一个月"，或 Prezi 的"给 Prezi 一个机会"）。有一些例子显示，简单粗暴的说法能取得意想不到的效果，还有很多营销人员用调侃的语气，例如，"不要按这个按钮"或者"还在冤枉你的 SEO 吗？输入你的网址便知"等，成功吸引了访问者的注意力。虽然这些策略在某些情况下可能取得成功，但它们很快就会失去新鲜感，而且如果使用不当，还会损害你的信誉。

在确定你的行动召唤的定位和设计时，要重点考虑背景色、周围的图像、视频和文本，以及它在界面的总体设计框架内如何发挥作用。有效的行动召唤通常采用具有高对比度、高饱和度颜色并在页面中位置突出而引人注目的按钮——行动越简单，越诱人，人们越有可能接受它。

现在的情况是，我没办法只谈行动召唤，却不提令人厌恶的弹窗。我对这种设计一直不太感兴趣，然而我必须承认，如果运用得当的话（有时糟糕透顶），它们可以显著提高转化率。弹窗基于一种名为"模式中断"的技术，它的原理是在我们的节奏中创造意想不到的中断，从而让我们打起精神，提高注意力。弹窗本身未必不好，只不过我实在讨厌那些令人不快的、肆无忌惮的弹窗——通常是提供免费电子书或小礼物之类的诱惑，而且只提供类似下面的选项："是的，我很聪明，我想要这本书。"或者"不，谢谢了，我还是选择无知好了。"弹窗给人以居高临下的感觉，而且长期来看可能对你的企业并不利。

当然，并非所有的弹窗都那么令人讨厌。那些悄悄从页面底部进入访问者的视野、不带隐藏内容或完全不会干扰访问者体验的弹窗，可以在吸引注意力和将刺激降至最低之间实现良好的平衡。另一个好的例子是，当访问者准备离开本页面时使用因鼠标移动而激活的退出弹窗。这可能是再次刺激用户购买你的产品的一种行之有效的方法，例如提供限时优惠或折扣。下面给出的 Ugmonk 的弹窗便很好地利用了这种方法，同样是按照惯例提供两个选项——选项一，期望使用色彩鲜艳的粗体字对话框响应；选项二，使用暗色最小化对话框（有些交互界面干脆使用灰色文本）响应。

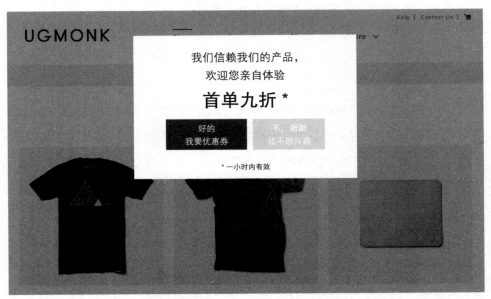

图片来源：ugmonk.com。

风险、信任与隐私

现在在面对客户获取时，很多企业鼓励用户使用常用的社交账户（而不是他们的电子邮件地址）注册它们的产品或服务。通过向客户提供看似方便的一键式登录，大大小小的公司便以日渐加深的程度获得了海量用户数据访问权。虽然对相关企业来讲这似乎是一个很棒的消息，但这种方法可能带来某些隐性成本。很多用户感觉使用社交网络不如电子邮件舒服，原因是对这些网络平台背后的公司缺乏信任，而且对给出个人数据却不清楚被用在何处感到忧虑。

这一状况的显著影响在 2016 年开展的一次大规模调查中得以证明，该调查要求消费者以降序方式排列世界上最靠谱的品牌。尽管上榜的所有品牌的知名度与规模各不相同，但谷歌与 Facebook 只能勉强进入 Top 100 名单。或许更为引人注目的是，当受访者被问及这两个平台在"我可信任的品牌"排名中的位置时，谷歌滑落到了第 130 位，而 Facebook 则直降至第 200 位。尽管这两个品牌每天都能吸引数十亿活跃用户并为全世界的人们带来愉悦、联系和使用价值，但它们饱受一个更广泛、更深刻问题的困扰，这就是这些公司未必与他们的用户是一条心。

并非只有大公司存在上述风险。在另一项调查与手机购物和 App 下载相关的消费行为的研究中，研究人员发现，缺乏信任依然是妨碍行业发展的最大障碍。36% 的受访者说，他们不下载或者不使用更多手机 App 的原因是他们并不相信所谓的安全措施。他们不希望放弃他们的隐私信息，他们已经有过糟糕的个人经历或者在新闻报道中听说过负面消息。甚至更高比例的受访者（41%，较上一年度数据急剧上升）报告称，在很多情况下，他们并不希望分享个人信息，但他们也明白如果他们想使用一款 App，就必须这样做。

不管人们是否同意分享他们的数据，有一点都很清楚，即越来越多的消费者愈发关注他们的隐私。如此众多的信息平台现在提供端对端加密是有原因的，而且可能不仅仅为了公关（PR）的需要。

在我看来，在面对最后通牒（分享你的所有数据，否则你无法使用这款 App）时，用户很可能会迅速选择妥协；但一款更智能且要求数据较少并保证更大程度隐私的平台的出现很可能只是时间问题，届时这款 App 很可能会被弃之不用或在竞争态势下被迫做出改变。当然这种变化可能需要时间，但如果你能找到一种方式来平衡你对客户数据的需要与用户对隐私的需要，那么你就更有机会取得长期成功。

▶ 可采取策略

设计一个最棒的交互界面

- **目的**。不管出于什么目的建站,都应通过设计清晰地表达出这种目的。不管提供个人、商业还是娱乐服务,你都可以借助一个反映企业愿景和价值的美学标准,创造一次对双方大有裨益的互动。

- **设计以信任为先**。能够为访问者提供良好用户体验的交互界面,不管访问者对该网站的熟悉程度如何,通常都会被认为非常值得信赖。为了实现这一理念,有必要运行用户测试程序以评估交互界面内容(它是有用的、准确的、清楚的和重点突出的吗?它的写作风格是有吸引力的,还是索然无味的?)、总体设计(用户如何评价美感、可读性和功能性?)和服务(你的交互界面能为客户提供私密的、友好的和可靠的客户服务吗?)。

- **满足他们的需要**。我们都希望感受到被重视、被理解以及彼此之间息息相通,所以如果你想创造一个良好的客户体验,就必须研究受众,并按照他们的需要和信念来打造你的交互界面。沿着这种思路去了解访问者,有助于你按照他们心中的主要目标设计一个交互界面。越容易让消费者实现他们的目标,他们就越有可能相信你,购买你的产品,并把它们推荐给自己的朋友。研究客户也可以帮助你创造出一种更和谐的氛围,这种氛围反过来会刺激产生安全感、赋能和更大的购买欲。

- **发布清晰的宣传文案**。清晰而准确地呈现你的关键宣传文案。减少垃圾信息、清晰架构你的页面并利用案例研究宣传服务,这些方式有助于简化客户必须处理的信息量。你的标题应当简洁、明确,并反映出访问者的期望值,而且应当聚焦客户关心的某个令人期待的结果(也就是你提供的解决方案)。

- **用户体验**。人们使用你的交互界面时感觉越舒服、越容易和越愉快,他们的满意度就会越高。由于可信度对任何企业都是至关重要的,所以你的网站应该与你的品牌从根本上保持一致,因为这将会帮助提升用户感知的可信度。任何特定页面的目标都应定义明确并很容易完成,而且你可以通过亲自运行用户决策程序或者使用 UsabilityHub.com 之类的远程服务检查设计效果。

- **内在信息**。一个优秀的交互界面会提供准确的需要时会升级的信息。这一理念不仅适用于博客和网站内容，也适用于传播服务、产品、联系方式等信息的任何交互界面。

- **可访问性**。我们都希望获得良好的服务和产品，这也是你的交互界面面对拥有不同能力的人都能实现可访问的重要原因。实现这一点可以通过多种途径：使用图片替换文本；确保所有功能都可以通过键盘实现（所以辅助技术会发挥作用）；以及准备音视频内容的副本等。如果要获得提升界面可访问性的具体指导，可以参考万维网联盟（W3C）的网页内容无障碍指南（Web Accessibility）。

- **代表性信息**。除非你经营着一个非常小众的在线业务或论坛，否则你应当做到交互界面内容亲切友好、简单易懂。这可能意味着你需要对所使用的任何术语做出解释，并对你的产品和服务做出精确的描述。你可能还需要通过例证、图形和注解进一步澄清问题。为了使你的内容具有良好的可访问性，你还要确保为那些可能存在视力障碍的用户提供准确的标签。

- SEO。大家都知道一个界面的内容应当做到条理清晰、容易访问和搜索引擎友好。从实用角度说，这意味着为你所有的网页、标题和内容做好适当的标签，确认每个网页都包括正确的元数据（标题和描述）和 H1 标签。你应当在你的文件的标题、文件头、子文件头以及前言和结论段落包含相关的关键词。为了优化交互界面，你也可以使用相关术语为你的关键词提供更全面的语境。例如，与关键词"网络心理学"相关的术语可以是"转化率""用户体验"和"市场营销"，你可以把它们加入内容中。如果你希望找到更热门但不会高度竞争的关键词和词组，你也可以使用谷歌的关键词规划工具或 Moz 的 Keyword Explorer 之类的工具。为了获得高质量的 SEO 效果，可以参考 Moz 提供的精彩的初学者指南。

- **环境信息**。如果你通过交互界面（通过即时信息或在线客服）为客户直接提供支持，务必确认你知道客户何时最有可能联系你，以便迅速做出响应。例如，如果你是一家专营手工巧克力（我的最爱）的公司，而你的基地在美国西海岸，你可能有来自东海岸的客户在你休息时上线请求帮助。在这种情况下，公司可以在相应时区雇用客服人员及时接待此类客户。对于一个面向全球受众的网站，环境信息也应包括对应不同国家的子网站，这样新访问者就很容易找到适合他们的网站入口。

- **一致性设计**。在涉及网页设计时，不同国家围绕最佳实践有不同的规范。通过研究和遵守当地的惯例，你可以让用户按照熟悉的界面结构方便地找到他们需要的内容。正如前文已经提到的，如果你的内容、社交媒体或搜索需要获得文化转换方面的帮助，Oban Digital 这样的服务就值得考虑。

- **交互性**。大多数最成功的网站都具有良好的交互性。在存在关联的地方，鼓励用户要么通过留言板、产品评级和社交媒体，要么通过用户生成内容（我们在第 10 章探讨社交媒体时将重点涉及这部分内容）与你建立起联系。

- **视频**。如果要展示一条宣传文案，其中一种最快捷、最具感染力的方式便是使用视频。从进化的角度来讲，我们对面部表情和运动的反应最充分，所以如果你希望将自动播放视频用作登录页的背景（隐藏在一个行动召唤的背后或设置在一个行动召唤旁边），请确认该视频能将观看者的注意力吸引到正确的位置。动作太多会让他们分心，进而降低保持率（Retention rate）和点击率。

- **保持内容更新**。为了显示你的交互界面充满活力并吸引访问者回访，你应当注重相关新闻的发布和更新。管理并维护一个有趣并可以传递价值的博客，也会鼓励其他企业转载你的文章并反向链接你的域名。那种具有思想领导力的长篇作品也会带来良好的效果，另外，如今很多品牌都通过向 Medium 之类的第三方网站贡献内容来实现品牌内容的不定时更新。这里需要提醒几句：仅仅将你的内容放在第三方网站发布可能存在风险；第一，网站所有者有权在不事先通知的情况下编辑或删除他们不赞同的内容；第二，你将引导访问者访问一个并不属于你的客户获取漏斗的网站。此外，将所有精彩内容都投放到第三方平台意味着你所获得的大多数链接都指向不属于你或由你控制的网站，这种情况会对你的 SEO 造成不利影响。

- **行动召唤**。不管你的目标是什么，确认你的行动召唤使用简洁和令人信服的语言，并尽量包含祈使语气以创造一个客气的命令。从视觉角度来说，你要确认你的行动召唤无论是在色彩（色调和饱和度）上还是在页面位置（首屏突出位置）上都是引人注目的。一个好的行动召唤应当简单明了、能激发点击的冲动并尊重用户。

- **弹窗**。如果必须使用弹窗，请选择不会完全破坏用户体验的弹窗。尝试使用较低侵略性的滑入式弹窗，或提供限时折扣的退出式弹窗（例如"新客户 9 折，12 小时有效"）。

- **本地化**。如果你通过实体店销售产品或服务，你可以针对本地客户的需要优化你的交互界面，例如，提供目录清单；鼓励客户撰写谷歌评论；在你的主页突出显示实体店的地址；撤掉按地域投放的广告（调整在谷歌、Facebook 和 Twitter 上的广告投放），如有需要，可以在谷歌广告中增加本地扩展项。

- **测试、测试、再测试**。我所总结的上述推荐内容都是在你有能力实施、测试和改进这些内容时才会有用。不同的环境和客户需要不同的方法，所以如果你希望充分发挥这些洞察力的作用，那就请实际应用它们并考察哪种组合最适合你吧。

- **尊重客户隐私**。有几件事你做到了会让客户感到很安全。它们包括：使用 https 证书（在你的交互界面和客户浏览器之间建立起完全加密通信）；只请求获得你需要的最低程度的个人信息；以及你在如何使用这些数据的问题上实现透明化。你也可以借助 Ghostery 之类的工具管理任何第三方技术和你有可能用到的跟踪系统，并确保符合 AdChoice 程序、Cookie 准则和其他程序的要求。

付诸实施：眼动追踪

如果你希望搞清楚界面设计如何影响访问者的注意力和行为，眼动追踪

（eyetracking）工具可以针对你的客户正在看向哪里、以什么顺序看以及看多长时间等细节为你提供清晰而有用的洞察力。

虽然这种方法通常只测量访问者的视网膜中央窝视觉的焦点〔形成对照的是周边感知能力（peripheral awareness）〕，但如果使用得当，眼动追踪可以帮助你预测当人们偶然看到你的登录页时会将视线投向哪里。就准确性而言，对你的目标人群所做的现场实验通常可以提供最具洞察力的信息，但这些实验可能需耗费一些时间，而且经常需要相当充分的准备和投资才能顺利进行。

虽然我们都希望改善交互界面的易用性和转化率，但很多人并未掌握做此类实验所必需的资源。所以，接下来我们会探讨这项庞大的研究。它将告诉我们用户如何看和朝哪里看、在哪里设置某些元素可以获得最大的影响力，以及如何形成你的内容以便获得最好的起步优势。

2006 年，诺曼·尼尔森集团（NNG）公布了一项现在被视为经典之作的眼动追踪研究报告。报告显示，我们通常以一种 F 型阅读模式大致浏览界面和搜索结果，即首先从网页的左上角开始阅读。接着，我们的视线会掠过导航条（F 的上横杠），然后沿网页稍稍向下移动并阅读片刻，接下来在短时间内水平扫视显示内容（F 的下横杠），最后向下浏览网页左侧区域以寻找相关内容。

尼尔森由上述发现得出结论，大多数用户不会完整阅读文本内容，因此如果你希望清楚地了解任何重要的信息，就必须使其呈现在网页最突出的区域（通常是标题区、行动召唤区或某个段落的前几行）。目前，界面存在图像比重越来越大的趋势，这意味着可供利用的文本内容越来越少。

一般来讲，不管你的文本多么精练，最好还是把信息最丰富的内容放在人们快速扫视时可以注意到的位置，这通常指标题和段落的开头以及你可能拥有的其他重点位置。

根据经验，你的标题应当使用大号字体和粗体字，而且当你瞥视网页时，以能轻松阅读为宜。另外，可以把文本分割成较小的、容易阅读的文本块，其中包括短段落、要点和编号列表。如果你正在撰写长文件，这种情况适用不同的原则，而且你也不会希望用太多文本块打断读者的阅读感受。

需要考虑的另一个元素是你的内容周围空白区域的大小。如果增加空白区域，你要确保你的访问者会关注重要内容且不会感到不知所措或筋疲力尽。鉴于大家都已习惯了一个相当标准化的界面结构，即导航条在网页顶部，所有内容（例如文本、标题和图像）都靠左安排，所以设计遵循惯例是有道理的，你这样做是在配合实现访问者的期望值和自然而然的思维活动，而不是逆势而为。

如果你对广告感兴趣，毫无疑问你会遇到广告盲区——我们会自动忽视网页上或动态消息上任何疑似广告元素的倾向。广告盲区已经引起了极大的关注，以至于大多数企业现在都选择了更全面的数字广告方式，这意味着它们寄望于富含价值的内容，例如，文章、访谈、视频、报告，以及付费媒体等。

针对交互界面上展示的图像，尼尔森所做的进一步研究发现，我们实际上是相当有辨别力的，我们会对包含上下文相关信息的视觉内容，例如，网络商店里的产品图片或社交网站上的真人照片，给予很大的关注。我们还能快速识别和忽视要么编排混乱（事实证明我们都讨厌图库）、要么本质上只起装饰作用的图像。

虽然我们可能过滤掉在网上看到的大多数内容，但有一种图像我们发现是特别难以拒绝的，那就是人脸。众所周知，不管我们年龄大小，我们对人脸表现出的偏爱高出其他刺激物，这种情况可以在一定程度上解释为什么在 Instagram 上带有人脸的照片较之普通照片在吸引人们的评论方面高出了 32%，而在受到关注方面高出 38%。我们对人脸的偏爱也与我们对表情符号的痴迷有关，但底线是如果你确定使用人脸图像，那使用时一定要谨慎，因为它们会吸引访问者的注意力，正如我们在下一节将要讲述的那样，这并不总是好事。

▶ 可采取策略

极简法则

- **F 型模式**。请记住，当人们访问你的交互界面时，他们通常遵循 F 型模式，这意味着你最重要的信息应当都处在自然视线之内。将关键内容放在首屏，并确保你的标题和段落的前几个字传递的信息较大。
- **注意力是稀缺资源**。你的用户的注意力是有限的，应当被聪明地利用起来。你的交互界面上的所有信息都会吸引一定的注意力，因此交互界面包含的设计元素越多，用户的注意力就越分散。为了将认知负荷降至最低，要确保你的标题容易辨认（例如，使用粗体字、大字体等），将内容重组成可以扫视的文本块，坚持设置清晰的注意力层次。
- **广告**。由于我们大多数人通常都会无视横幅广告，因此有必要考虑创造什么形式的内容会同时向潜在客户传递价值和帮助提振销售。如果你选择原生广告（Native advertising），务必确保你的内容丰富、有洞察力和富有价值，这样那些读到它的人就会把你的品牌与专业性联系起来。
- **图像**。我们处理图像的速度要比处理文字快，而且能在 1 英里[①]之外就锁定一张照片。切记，你使用的图像都是与语境和情绪相关的，而且如果你使用脸部图像，通常表情自然的高分辨率图像效果最好。
- **规则重要，测试更重要**。如果你希望改善交互界面的影响力，至关重要的一点是你要开展强大的多变量测试。另外，如果你有相关预算，眼动追踪实验可能是值得考虑的一条途径。

[①] 1 英里≈1.609 3 千米。——译者注

08 SELECTING THE RIGHT IMAGES
合适的图片胜过千言万语

一张图片胜过千言万语。

弗雷德里克·R. 巴纳德，市场营销专家

涉及电子商务时，由于不能与一个人或一种产品开展面对面的互动，所以我们在购买之前主要依靠视觉线索建立起对一件商品的质量或价值的印象。这意味着一家企业在线展示其商品和服务的方式会显著影响销售量。

尽管一个人的个性、所处的文化以及主流社会规范可能会影响对美的理解，但一个日益壮大的研究群体，例如，由神经科学家拉马钱德兰教授（Ramachan-dran）和哲学家希瑞斯坦（Hirstein）领导的研究团队指出，我们的整体美感很可能建立在特定的普遍原则基础之上。

正如这些研究机构指出的那样，如果我们大部分的视觉偏好都是天生的，那么它们可能也是可预测的。这意味着如果你知道了哪种触发物触发了一种特殊的反应，你便可以有意识地利用它们影响和指导访问者的体验过程。

美丽的普遍魅力

艺术家们很早便知道并利用了黄金比例（见于鹦鹉螺壳之类的天然物体上）

的魅力和原型的力量（代表了一种原型或理想的事物，例如米开朗基罗的大卫雕塑）。再比如感知流畅性原则，拥有这些属性的视觉形象被认为是可预测的和熟悉的，这意味着对我们而言，它们更容易识别和处理（无论我们讨论图像、物体抑或是产品，上述认知都是适用的）。

萨基教授（Zeki）被很多人认为是神经美学之父，他提出存在一个美丽公式。在一项借助功能性磁共振成像（fMRI）扫描所做的研究中，他发现当我们看到或听到某种美丽的事物时，大脑的特定区域——眼窝前额皮质会变得活跃，而与此形成对照的是，杏仁核区域对某些丑陋事物的反应活动会增强。

在另一项研究中，研究人员科马尔（Komar）和梅拉米德（Melamid）探索了绘画领域是否存在全球性的审美偏好。他们对世界范围内数百万人的审美偏好做了认真的研究，结果发现我们大多数人表现出对包含国家形象（例如一个国家的旗帜）在内的蓝色风景画的偏爱。他们还发现我们普遍偏爱描绘儿童嬉戏的绘画，只有一个国家例外——法国，这个国家的受访者表现出对裸体女人的强烈痴迷。虽然我不主张利用裸体吸引潜在的法国客户（当然，我可以想象这种策略是有效果的），但上述结果的确暗示我们，特定的主题和元素较之其他主题和元素在视觉上更有吸引力。我们宁愿欣赏自然环境，也不愿欣赏那些受到人类影响的环境，而且我们通常也无法抗拒那些笼罩着神秘气息（例如部分视野受阻）的图像的吸引，这些事实可以帮助我们在选择代表我们的网络视觉形象时做出决定。

通过感知解决问题

我们的祖先依靠敏锐的视觉和嗅觉保持活力，辨别潜在的捕食者、猎物、伙伴以及食物和水源。他们能够在视觉上汇聚那些在树木的绿叶丛中缓慢移动、若隐若现的小黄点，并辨认出那是一头正在潜行的狮子的轮廓，这种能力意味着他们能够发现活物与可怕的死物之间的区别。

尽管我们现在不太可能面对此类情形，但事实上我们的视觉系统已经发展出这种辨认环境中突出特征的能力，这将有助于解释为什么有那么多人热衷于研究我们今日面临的并让我们着迷的图像。

关于这方面，有一个很经典的例子，就是达尔马提亚狗错觉（Dalmatian illusion），图上是白色背景，有一片抽象排列的小黑点。尽管你的眼睛在扫视图像时试图辨别任何可见图案，但通常只有过了一段时间之后，你才突然发现那些黑点事实上代表一条达尔马提亚狗走在斑驳的树荫下。

在这种不起眼的顿悟时刻，我们中的大多数人都会获得激动、愉悦的满足感。这种强化的兴奋感被认为突出了视觉系统和大脑边缘情绪区域之间的联系，因此一旦你认出了这条狗，便不太可能对其视而不见了。既然你已经成功地看懂了这幅画，那么你的大脑便不太愿意回到以前不舒服的模糊状态。

因此，我们才发现神秘图像竟然如此迷人。拼图越不明显，越能激发我们的兴趣，我们解决此类难题后的满足感就越强烈。随着注意广度的缩小，这个技能可能是吸引并诱使人们采取行动的一种好方法。你的视觉形象也可以借助这种方法吸引人们，它甚至可以用于电子邮件沟通方式，请看我收到的下面这封来自 MOO 的简报图片所阐释的内容：

资料来源：MOO。

不仅仅是一张漂亮脸蛋

长期以来，从在电视广告中使用模特提升销量，到看到一位迷人的顾客轻触一件产品激发你的购买欲，我们一直在研究美丽这一元素到底如何影响我们的决策过程。然而，尽管人们通常认为多雇用漂亮的售货员会带来更高的销量，但香港中文大学的一项研究却发现，当涉及令人窘迫的产品（例如，痔疮膏）时，如果仅有一位面容姣好的售货员在场，可能足以使购物者打消购买的念头。

不仅如此，研究还发现单纯的面孔（没有任何明显的特征）通常比复杂的面孔更具吸引力，可能是因为我们的大脑宁愿欣赏更容易处理的事物。因此，在为你的内容选择合适的模型时，要记住一句话："百年来的经验主义美学研究表明，我们普遍存在对特定形式与图案的偏爱，关于这些偏爱最精彩的记录都是对称的、普通的和典型的形式，以及弯曲的轮廓线和比例不变的图案。"

这种对容易处理的图形的偏爱，也可能在类似"峰值移动效应（Peak shift effect）"这样的现象中发挥作用。这种动物辨别学习（Discrimination learning）的原则似乎会影响我们在网络世界的视觉偏好。想象一下，你正在教一只老鼠分辨一个长方形（长宽比 3∶2）和一个正方形，如果反应正确，就奖励它。结果一段时间之后，这只老鼠便学会了频繁地对长方形做出反应。更令人奇怪的是，较之它最初接受训练时的形状，它对更长和更扁的长方形（例如，长宽比 4∶1）会产生更为强烈的反应，说明这只老鼠事实上已经学会了长方形的规则，而不只是会简单地辨别两个道具。

在人类的美术与艺术世界里，我们对物体简化形式的偏爱可能贯穿整个历史。从古老的洞穴壁画和伟大艺术家们的作品，到我们今天在迪士尼影片中看到的漫画，不管通过什么媒介，我们始终力求以各种象征性的、夸张的形式描绘生活。这种对超常刺激物的偏爱很可能源自下面的事实：我们的注意力资源有限，通常我们会努力保护这些资源。如果我们只提取了某个对象关键的、明确的特征（例如，斜躺的裸体女性那纤纤细腰、丰满的乳房和浑圆的臀部），那么我们的大脑便有可能忽视任何多余的信息并转而关注突出的特征。这或许可以解释为什么漫画脸谱通常比其人物原型更容易处理和辨认，以及为什么一张素描或一张轮廓图比一张彩色图片更能激发强烈的大脑活动。

感知分组

除了对扭曲的形象有所偏爱之外，我们的大脑天生就可以识别相关特征，并把它与某个物体联系起来（例如，在树林中移动的狮子身上的黄点）。整体大于部分之和（或有所不同），这种想法（参考格式塔理论）在线转换为我们有时在不同视觉元素中看到的视觉形态。例如，在其他条件相同的情况下，我们倾向于把在颜色、大小、接近程度、方向、亮度和饱和度等方面相似的物品归在一起，它们对用户行为可能有明显的暗示作用。

我们在上一章中已经探讨过，我们按照视觉特性为信息分组的能力，可能影响到我们为了相关性能更容易地扫描和处理它。将这种能力与我们从整体理解事物的愿望结合起来，你会看到在设计中感知分组的有效应用。例如，如果你正在为一种护发产品设计网页，你希望客户将视觉上相似的产品集中起来，这时你可以在该网页的同一个封闭区域或栏目内展示它们，你也可以按照颜色和方向将它们分组。这将帮助访问者按照一个统一分组识别产品类别（例如，空调），以便更容易处理、辨认和购买。

情绪、凝视和肢体语言

由于决策过程本来就是带有情绪的，所以清楚图像会如何影响访问者的感觉和行为是很有好处的。如果说心情是指更为持久的状态，态度包含更多认知成分，那么情绪通常产生于对某个事件的反应。它们与生理具有强烈的相关性，例如，面部表情和手势，所以实际上我们可以极为准确地察觉和测定它们。如果你希望评估你的内容对潜在客户的情绪影响，这一点就非常有用，而且现在已经出现了一些面部编码技术，当人们与你的产品、界面和视频互动的时候，你可以利用这些技术间接跟踪人们的实时反映。

不同的情境通常需要不同的方法，而你可能希望根据所销售的产品或服务、它的环境以及目标受众的心理统计特征的不同而激发各种不同的情绪。在所有你可以利用的情绪状态中，已经发现至少有七种在某种程度上是普遍存在的：快乐、生气、惊奇、恐惧、悲伤、鄙视和厌恶。

值得注意的是，当你使用人物照片传达这些情绪时，表情和身体的姿态可能经常与特定文化有关（设想一下一个印第安人与一个英国人对话的情景），因此它们可能需要反映你的潜在受众遵循的准则。在使用脸部图像时，不管这张脸属于谁，人们都会相当熟练地分辨出特定的情绪，而且尽管我们在照片中不太可能认出那种虚伪的笑容，但当在视频中观看时，我们极有可能注意到某人的笑脸是装出来的。

如果你希望使用图像引导人们行动起来，你必须确认七种情绪中的哪种情绪最能匹配客户上网时的某个特殊阶段。为了实现这个目的，你可以制作一组符合特定文化的真实的图像，每一幅图像都表达一种主导情绪，然后分别测试这些图像，直到你得到期望的结果。根据一般经验，一张自然的、高分辨率的照片，且照片中人物带有标志性的"杜乡的微笑（Duchenne smile）"——嘴角上翘，眼睛微眯，会引发最积极的反应。不管你希望传递什么情绪，与你的宣传文案中的情感相匹配的表情通常能发挥最佳的效果，除非你为了破坏期望值，故意使用不匹配的图像和文字创造出不和谐的状态。

虽然面部表情很重要，但除了我们注意到的元素之外，一个人所观察（或所指）的方向也对我们的行为有深远的影响。在一项由 ObjectiveDigital.com 开展的经典眼动追踪研究中，参与者会看到为 Baby.com 所做的广告的两个版本中的一个：第一个版本包括一个宝宝直接凝视观看者的一张照片，并在页面右侧安排标题和文字；第二个版本除了显示宝宝正在观看文字之外，其他内容是完全一样的。通过测量参与者眼球运动的方向和持续时间，事实很快就清楚了：那些观看第一版本广告的参与者都盯着宝宝的脸，根本没注意到文字。相比而言，那些观看第二版本广告的参与者似乎更受文字的吸引。为什么会这样？因为他们正在潜意识里跟随宝宝凝视的方向。

从进化论的角度看，上述情况很容易解释。人类作为一个物种能够生存下来，得益于我们理解和响应社会线索的能力。不管这个线索是指一个人倾斜的头部、凝视的方向，还是伸出的手指，他们都准备好下意识地接收这些信号并做出相应的反应。同样的官能也延伸到肢体语言，虽然手势因文化不同而有所不同，但了解一些普遍原则还是有用的。

在畅销书《FBI 教你读心术》（*What Every Body is Saying: An Ex-FBI Agent's Guide to Speed-Reading People*）中，联邦调查局前反间谍官员乔·纳瓦罗（Joe Navarro）展示了一些令人着迷的破解各类非语言行为的方法。从观察一个人躯体的角度（面对他们喜欢的事物，远离他们不喜欢的事物）到注意到他们脚尖所指的方向（如果指向门，意味着他们可能正在寻找紧急撤离的办法），这是一本读懂肢体语言和破译可能的潜在情绪状态的全面而实用的指南。

由于人们处理图像的速度快过处理文本的速度，所以如果你能在处理过程中加入情绪内容，那么你的信息将会更快地击中要害。例如，一个肢体语言外向的人（胳膊外伸，双手暴露在外，躯体面对焦点物体，而且面露微笑）在面对他们正在注意的人或物体时，会持续发出代表信任、开放和积极的非语言信号。从另一方面讲，一个含而不露的或微小的姿势（隐藏双手、双臂交叉以及转身离开）确实会留下一种非常与众不同的印象。哪种方法有效取决于环境，关键是了解哪种情绪的宣传文案会激发期望反应，这样你便可以相应地精心安排你的图像了。

在组织情绪内容时，你最有可能犯的严重错误是忽视一致性，在这个例子中，意味着需要考虑非语言线索是否与你的文案相匹配。在网络上，我们倾向于迅速扫视内容以评估其目的和含义，而且如果我们偶然看到一幅图像与文案并不匹配（例如，一张某人看上去很愤怒的照片却搭配一个欢乐的标题），我们可能会产生不和谐、不安的感觉。有时候，这种不和谐可以用来制造幽默效果（想一想可爱的女孩子说起可怕事情时的那种萌态）；然而，如果你希望为了获得最佳效果而优化图像，那么就必须确认你使用的非语言元素确实可以传达你希望传达的信息。

▶ 可采取策略

完美图片

- **引导注意力**。如果你使用图像吸引和引导人们的注意力，请务必分别测试它们，以确保可以产生我们期望的效果。虽然图片可能让一个平淡无奇的设计极大地丰富起来，但它们的确会占用观看者的注意力资源，而且如果使用不当，还可能对你的网站内其他重要元素构成竞争。当你优化网站设计时，最重要的一点是牢记你的内容及图像的对比度、色彩、亮度、字体和排版位置，都会影响访问者的体验和行动。
- **保持神秘性**。我们的大脑喜欢解决问题，所以如果你希望吸引人们参与某项行动（例如，鼓励他们索取折扣、访问网站或下订单），你可以使用一幅激发他们好奇心的图像。
- **微笑是美丽的**。如果你正在使用你的员工、模特或客户的照片，那尽量选择那些情绪饱满的照片。虽然我们成不了超模，但微笑永远是美丽的。当然，如果你销售的是那种令人尴尬的产品，完全避免使用脸部照片可能更为合适。
- **夸张**。我们会从夸张的图像中获得极大的满足，所以如果你使用任何插图的话，尽量只使用其关键而明确的特征来代表主题并测量客户的反应。
- **物以类聚**。视觉系统在感知上将类似的物品汇集在一起，所以如果你希望访问者分门别类地浏览特定产品或网站元素，可以尝试将它们按照颜色、亮度、饱和度、尺码、接近程度和方向分组。
- **黑白色**。高对比度区域通常会吸引注意力，所以如果你希望访问者关注你的网站中的特定图像或元素（例如，一张图片、行动召唤、标题或表格），可以尝试提高对比度。
- **情绪触发器**。情绪引发对事件的反应，它们可以显著影响我们的决策。有七种情绪似乎是普遍存在的：快乐、生气、惊奇、恐惧、悲伤、鄙视和厌恶。在网络上，你应当触发的情绪类型取决于环境因素，例如，产品类别、客户心理以及它们处在客户上网之旅的哪个阶段。

- **面部表情**。在展示一条包含情绪元素的宣传文案时，你可以使用自然的高分辨率面部图像，以此表达七种普遍情绪中的一种来增加其影响力。
- **非语言线索**。如果你正在使用人物照片，可以借助非语言线索迅速地展示你的文案。为了营造温情、信任和友好的感觉，可以使用开放的肢体语言——胳膊和手掌张开、身体正对物体的焦点、微笑、双腿不交叉。要表达不确定和不舒服的感觉，则可以使用内敛的肢体语言——蜷缩的或微小的姿势、交叉的双臂和双腿、眼神低垂、隐藏手掌。当将一幅图像与文本搭配时，需要决定你希望它们是一致的（匹配）还是不一致的（不匹配）。
- **往这边看**。如果你希望引导人们注意网页上的特定行动召唤或特定区域，可以使用某人直视或指向那个位置的图像。

09 THE PSYCHOLOGY OF COLOUR
恰当的颜色也是卖点

色彩改变物体或与其相关情形的含义，而借助颜色偏好可以预测消费者的行为。

穆宾·阿斯拉姆博士，市场营销专家

橙色对你意味着什么？如果你在欧洲或美国阅读本书，你马上想到的可能是道路施工和交通延误，但如果你生活在亚洲，你最有可能将这种颜色与精神和喜庆联系起来。如果你是赞比亚人，你甚至根本都不会把橙色视为一种单独的颜色。

某种单一的颜色可能有众多不同而且经常相互矛盾的含义，这在很大程度上取决于它们所在的文化背景。大众媒体可能经常以相当简单的措辞来描述颜色的含义，倾向于用无所不在的一般原则概括复杂而微妙的现实。

正如我们即将看到的，红色便是一个很棒的例子。人们普遍认为红色代表性感，但实际上它的含义（以及我们在心理上和生理上对它的反应）会因情形的不同而发生显著变化，例如，它在一种环境下象征性感和魅力，而在另一种环境下则可能代表危险。

我们解释颜色并对其做出反应依赖于一系列变量，包括我们的文化规范（在中国，红色被视为幸运）、通过学习获得的联想（"可口可乐红""IBM 蓝"）以及普遍存在的固有反应，[如"4F"，即 freeze（呆住）、fight（战斗）、flight（逃跑）和 f-word（骂街）]。虽然一些研究人员称，我们对颜色的情绪反应拥有进化起源，但即使我们确实发现了生物上的倾向，这些倾向有时也会与后天获得的社会规范有所冲突，从而导致文化差异和一大堆不能普遍适用的规则。

概括来说，色彩心理学是一个很棘手而且充斥着冲突证据的研究领域。虽然我在此已竭尽全力整理和提取相关研究的精华内容，但你依然应当保持谨慎的态度。如果这一章的内容能够提升你对色彩和文化的理解力，并且你可以借助这些知识更好地传达你的设计意图，我的目的就达到了。然而，在阅读时，切记我们的品位和偏好是会发生改变的，如果你希望基于特定的目的选择颜色（不管是展示你的品牌、用于你的网站，还是包含在你的内容中），最好分别测试几个变量以评估它们的心理影响。

纵观整个人类历史，颜色在人们之间充当了一种有效的、即刻的非语言沟通方式。从通过衣服的色彩表示一个人的社会地位，到通过一幅画的色调表达一种特殊的情绪，颜色可以在文字不起作用的时候，提供一个微妙而色彩缤纷的调色板。在网络上，适当使用颜色可以引导人们接受特殊的结果，例如，认为你的品牌更值得信赖、更有价值甚至更具权威性。

我们对颜色的反应方式可能受到我们的文化背景的强烈影响。例如，一个国家视为神圣的某种颜色在其他地方可能具有完全不同的内涵，同样，一种颜色的含义及其说服力在很大程度上取决于它所处的历史环境。

例如，在西方犹太基督教文化里，金色、红色、白色和蓝色／紫色等颜色传统上代表了财富、权利和权威。为什么？这些特殊颜色的颜料和染料最初是从珍稀颜料中提取的，所以制造成本高昂。随着时间的推移，它们逐渐成了财富和高贵身份的象征。

除了特定的颜色之外，一种文化对特殊颜色组合的整体偏好也可能有显著差异。如果我们简单地将印度对鲜艳的、高饱和度的和多变的色彩搭配的喜爱与北欧国家对柔和色调的偏爱进行比较，一个名副其实的文化颜色偏好拼图便会呈现在眼前。

不管我们的背景如何，我们倾向于假定我们的经验、信念和社会结构是"正常的"。也正是因为这样，我们经常忘记我们都生活在一个文化相关原则适用的小型微观世界里。除了我们自己的文化小圈子之外，还存在一个完全不同的世界，那里的人和我们一样，对色彩的感知也受他们的生理、心理和文化的影响。如果我们希望彼此之间交流成功，就必须首先拥有更宽广的视野去审视存在于彼此之间的各种不同（参看图 9-1 的图解），并由此编织出五彩斑斓的充满内涵的织锦。

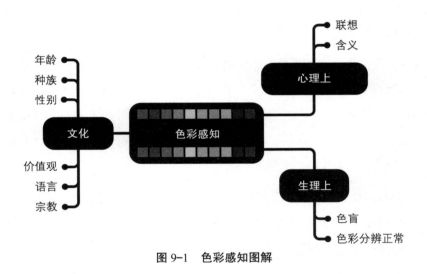

图 9-1　色彩感知图解

颜色和价值

研究发现，除了象征意义之外，颜色会影响我们对一件产品价格和质量的感知。例如，在英国，粉色外观的产品通常被认为价格一般，会让人看起来年轻，而中性颜色可能被认为更加昂贵、"无趣"和"供成年人使用"。

虽然我们的品位可能随着流行趋势发生改变，但深色似乎一直会让人联想到价值和贵重，这也是为什么它们经常被用在较为昂贵的产品上，以展现其高雅与品质。

在网络上，颜色可能在潜意识中刺激和影响人们的行为和动机，如果在设计中使用得当，它们会很好地派上用场。正如我们将在本章中看到的，为你的品牌、交互界面、产品和市场营销材料选择正确的颜色，将不仅仅取决于你希望传递的信息，还取决于你试图影响的人。

近年来，很多广告人员声称，一个品牌的颜色可能会影响消费者的购买行为，甚至可能影响销量，因此，当心理学家卡尔顿·瓦格纳（Carlton Wagner）决定将该理论付诸检验的时候，可以预料它会引发多少人的期待。瓦格纳建议美国热狗快餐厅 Wienerschnitzel 在其餐厅建筑的外墙颜色中增加橙色。他认为在该品牌的图像中增加橙色，表明该连锁品牌物有所值，从而吸引更多的消费者并刺激热狗的销量——他是对的。Wienerschnitzel 报告称，颜色上经过了小调整后，销量提升了 7%，验证了颜色-销量的假设，并在实验过程中为该公司赢得了可观的利润。

咨询师詹姆斯·曼德拉（James Mandle）也取得了类似的成功，他建议汰涤宝（Ty-D-Bol）将其卫生间清洁剂产品的包装从绿色背景搭配淡蓝色字体改为深色背景搭配亮白色字体。曼德拉相信，与原来的那种"蹩脚的"瓶体设计相比，这种大胆的新配色方案会传递出洁净和强大的感觉，他的决策果然没让人失望，18 个月后，汰涤宝的销量激增 40%。

颜色的生理效应

颜色既影响人的行为，也影响人的生理。尽管存在差异，但依然体现出超越疆界的价值观。

托马斯·马登、凯利·休伊特和马丁·罗斯，市场营销专家

颜色对心理机能可能具有重要的现实意义。事实上，研究显示，当我们审视含有对我们有特殊意义的特定颜色时（例如，我把蔚蓝色与西班牙南部的假日联系起来），对这种颜色的单纯感知便可能引发与该意义相一致的思想、情绪和行为（当我想到妈妈做的美食和与爸爸在阳台上喝鸡尾酒的场景时，我的内心便泛起一股温馨之情）。

除了你的品牌和身份之外，颜色可能与特殊的产品类别也有强烈的联系。例如，在美国，银色能让人想起乳制品，粉色与芭比娃娃和化妆品有关，而蓝色则涉及各种产品类别，从金融服务到健康食品以及甜点。虽然通过反潮流的方式推出打破常规的产品是有可能的，但这些成功通常非常少见。反而有研究显示，当购买高度介入产品（High-involvement product）时，我们倾向于遵守主观规范。这就可以解释一个问题：如果你通过自己的交互界面直接销售产品，你会发现只需反映出当地与颜色相关的社会规范，你便可以提升产品的感官质量以及客户的购买意向。

就品牌推广而言，颜色可以反映你的组织身份。例如，在美国，蓝色的品牌推广元素会赋予公司负责任与可靠的形象，而且蓝色也是金融服务业的必选颜色——你只需浏览一下财富 100 强公司的网站，便会发现它们都偏爱与众不同的柔和的灰蓝配色方案。

除了传递特殊的含义之外，颜色也可以决定人们与界面互动的方式，甚至可以影响他们日后回忆起的信息的数量和类型。由于对一个界面而言，我们最早注意到的是它的颜色，所以至关重要的是，你要使用那些有可能激发你的访问者最积极反应的颜色。虽然更艳丽、更饱满的颜色通常会让我们感到更快乐和更兴奋，但稍后我们将看到，这些颜色和反应并不能增加网上的销量。

考虑到特定颜色（以及颜色的组合）对我们产生的生理影响，也就不奇怪快餐连锁店喜欢在其品牌推广和餐厅内［提高唤醒水平（Arousal level）］使用红色和黄色激发食欲和加快客户周转。相反，金融机构经常使用蓝色增加安全和宁静的感觉，而且事实上研究显示，使用蓝色配色方案的界面通常会让人感觉更值得信赖。

　　特定颜色甚至可以增加我们对细节的关注，仅仅看一下可以让我们感受到活力、活跃和活泼的颜色，便可以增加我们的主观信任感。不过，值得指出的是，采用黄色配色方案的电子商务网站通常不讨大多数人喜欢，可能是因为不管我们的文化背景如何，这种配色都会引发一种不信任感。作为一项基本的经验法测，在涉及设计时，一种颜色的饱和度越高，它所激发的兴奋（无论好坏）度就越高。

亮度、饱和度和色调

　　心理学家汉斯·艾森克（Hans Eysenck）确认了人们通常表现出来的一个涉及颜色的全球性偏好层次，即：

- 蓝色；
- 红色；
- 绿色；
- 紫色；
- 橙色；
- 黄色。

　　在过去的 70 年里，这一排序一直相当稳定，因此在设计内容或界面时，可以作为一个有用的标准。然而，我们对色彩的反应并不仅仅受其色调的影响，也受色彩饱和度的影响。心理学家瓦尔德斯（Valdez）和梅拉比安（Mehrabian）发现，在一种颜色的亮度和饱和度与其对人们情绪反应的影响之间存在"稳固的和高度可预测的关系"。他们发现我们在看到明亮、饱满的色彩时会体验到强烈的愉悦感，而且颜色的饱和度越高，生理唤醒方面的反应就越强烈。

　　如果我请你考虑一下可口可乐的广告，无论新老，你可能首先想起的是充满动感的红色，紧接着是你对该产品所做的描述或联想。这种明亮、饱满的色彩是今日可口可乐品牌推广如此成功的原因之一。只是该品牌在美国名声大振（这里的红色与激情、兴奋与性相关）之后，它才走向国际并在传统上红色代表不同含义的文化里创造出新的联想。这让我们回想起全球本地化的概念，有必要指出的是，虽然世界各地的人们将"可口可乐红"视为其独特的颜色，但外围的品牌推广（例如，它的交互界面、推广材料和商品）一直在试图满足不同市场的文化需求和偏好。

针对传统上设计师为了激发特殊反应而使用的不同颜色组合，瓦尔德斯和梅拉比安的发现提供了支持——换句话说，暖色（红色、橙色、粉色）可以比冷色诱发更高水平的活动。就普遍偏好而言，他们发现人们最喜欢的色调处在蓝色光谱区（蓝色、蓝绿色、绿色、紫红色、紫色和蓝紫色），最不喜欢的色调是黄色和黄绿色，而红色则居中。令人感兴趣的是，人们说他们在看到紫红色时体验到了顺从的感觉，而面对黄色和黄绿色时则感到较强的控制欲。他们还发现女人对饱和度和亮度比男人更敏感，这可能是因为以下事实：一些女人是四色视者（Tetrachromat，在它们的视网膜上存在四种而不是三种感知色彩的视锥细胞），这意味着她们可以感知高达一亿种颜色。

至于网站，法国研究人员让-埃里克·珀莱（Jean-Eric Pelet）发现，较高水平的亮度和饱和度可能增加我们的购买意向，并加深对交互界面信息的记忆。尽管我们在将特定文化的具体结论推广到其他人口统计特征中时必须持谨慎态度，但此类研究还是成功发现，颜色除了服务于一种纯粹的审美作用之外，事实上还会影响我们的态度、行为、记忆和情绪。

在产品的世界里，我们一般认为色彩鲜艳的包装比亚光包装更吸引人。尽管有确凿的证据支持这种说法，但心理学家也发现，一个社会对颜色和包装的偏好可能取决于它的男性度和女性度（参看第4章中霍夫斯泰德给出的定义）。例如，在一项研究中，研究人员发现，在男性化文化里，当女人使用的香体剂的包装采用柔和的、低对比度的、协调的颜色时，可以被更好地感觉到，而来自女性化社会的女人则偏爱使用亮度和对比度更高的颜色。

电子商务网站界面和颜色

颜色是卖点……而恰当的颜色是更好的卖点。

（美国）色彩营销集团

想一想你最喜欢的口香糖吧。你最先想到什么呢？它的品名还是颜色？研究显示，我们的大脑按照颜色存储对象，无论涉及哪种品牌，这一点都没有区别。对于一个物品而言，我们回忆起的第一件事是颜色，然后是图形、数字，最后是文字。这意味着如果你希望你的品牌产品在网络上给人留下印象，为你的品牌做出正确的颜色选择绝对是至关重要的。

虽然特定领域也一定会遵循流行趋势（例如，生态产品通常都是绿色的），但在一个拥挤的市场里，那个反其道而行之的品牌会从众多品牌中脱颖而出（例如，在美国的手机市场上，Sprint 的标志色是黄色，AT&T 是蓝色，T-Mobile 是粉色）。事实上，颜色是世界范围内广泛使用的最优秀的市场营销工具之一，并以此在客户的心目中创造、维持和发展品牌形象。我们对颜色的情绪和心理反应是如此重要，以至于在某些国家甚至以法律的形式反映出来。例如，在美国，《兰哈姆法案》（*Lanham Act*）规定禁止"颜色仿冒"，并主动以商标的形式保护产品颜色。

正如我们已经知道的，信任是助力电子商务取得成功最重要的因素之一，而且由于我们的第一印象通常是快速而持久的，所以让最初的几秒钟发挥作用至关重要。

如果你希望构建网络信任感，有几条与颜色有关的线索可供利用，以便为你的品牌、网站界面和市场营销轻松提升可感知的可信度。例如，与使用鲜艳颜色的电子商务网站相比，那些使用暗淡的、不饱满的颜色（例如，浅蓝色、奶白色和灰色）的同类网站被认为更值得信赖、更亲切、更有能力和更可预见，因为它们为客户创造出了一种安抚和放松的环境。根据所处环境的不同，鲜艳的、高饱和度的颜色实际上可以被视为有推销性质的、咄咄逼人的，因此会降低提供方的可信度。

有研究证实，颜色除了影响我们对网站信息的回忆，还影响导航的便捷性和可读性。显然，无论是涉及你使用的字体还是文本与其背景之间的对比度，你展示的任何信息都应该是清晰、易辨别的（你通过使用具有更高亮度对比值的颜色获得最佳阅读效果）。例如，尽管以下的颜色搭配可能不符合每个人的品位，但在黄色背景上使用蓝色字通常最有利于可读性，而在红色背景上使用紫色字的显示效果是最糟糕的。一般来讲，黑色或深灰色字搭配白色（或灰白色）背景是稳妥的选择，因为你的客户越容易了解你，他们越能对你的整个品牌产生清晰、透明的感觉。

根据我的经验，虽然你可以给你的文字和背景增加颜色，但大多数人更喜欢在浅色或中性网页上阅读黑色字体，这可能是因为我们最习惯这种格式。事实上，一些研究甚至发现对于 Times New Roman 字体而言，白色背景上的黑色文字实际上不如黄色背景绿色字清晰，但如果将字体改成 Arial 字体且继续沿用这种黄绿组合，效果却非常糟糕。

不管你的企业是在本土还是在全球开展业务，在你发布网站之前都有必要研究一下受众。通过确定你的目标市场的设计和内容偏好，将这些特点反映在你的网站界面上，你实际上可以提升你的界面的"黏性"并提高客户的忠诚度，进而强化自己的竞争优势。

在特定的环境中，你觉得正常恰当的颜色有可能被其他文化人认为是令人不快的，甚至是冒犯性的，这一点尤为重要。当美国联合航空公司礼宾部在其太平洋航线上错误地安排佩戴白色康乃馨时，它们并不知道这些看似无伤大雅的鲜花竟会引发一场轩然大波。假如他们做过这方面的研究，便会了解这个颜色在特定的太平洋地区文化里象征着死亡和哀悼，他们也许就会选择其他鲜花替代了！

个体差异

你是不是很好奇为什么老人通常穿浅颜色的衣服？有一个原因，并且它不仅仅是文化上的——随着我们一年年变老，我们的肤色开始逐渐变暗，这会让浅色看上去更有吸引力。作为年轻人，我们更加开放，愿意尝试，更喜欢混合色和特殊效果，例如亮色和金属光泽，而不是亚光色调。事实上，研究显示，很多成年人的偏好是很有深意的（这或许可以解释业已存在的巨大文化差异），因为宝宝通常喜欢凝视长波颜色，例如，红色和黄色，而不是那些短波颜色。

即使普遍受人喜爱的蓝色也受年龄差异的影响，13~34年龄段的人偏爱深蓝色，而超过35岁的人则偏爱浅浅的天蓝色。因此，如果你的客户群体处在一个特定的年龄段，请确认他们的颜色偏好，这能为你的设计选择提供参考数据，因为你所使用颜色的色调和亮度可能影响你被感知的程度。

年龄并不是影响我们品位的唯一个体变量。人格的影响力也很大，外向的人偏爱明亮的而非暗淡的颜色，而那些内向的人则偏爱更柔和的色调。甚至一个人的社会地位都可以影响色彩的选择，而且在涉及广告宣传时，基本色经常会吸引蓝领受众，而较富裕的群体可能偏爱柔和的色调。

颜色的含义

把西方人对颜色的狭隘认识假定为"普遍真理"并应用于外部市场中，经常导致文化上的失礼。

穆宾·阿斯拉姆博士，市场营销专家

尽管有很多大众心理学博客声称可以为该话题提供明确的指导，但当我着手研究颜色的含义时，却惊奇地发现缺乏可以公开获取的、可供参考的、基于证据的资源。本章是我所写的最为复杂、最耗时的章节之一，我也希望接下来的内容将为你提供一个更为科学的路线图，清楚解释颜色及其含义以及如何最大限度地利用它们。

其中一个可能对颜色的含义影响最大的因素是其所处的环境。虽然特定的颜色具有普遍的吸引力（最可能的原因是它们对我们这个物种所具有的进化意义），但在赋予特殊颜色的寓意方面，不同的国家和文化却存在巨大的差异。例如，如果你在英国或泰国参加葬礼时只穿黑色衣服会被认为着装得体。然而，如果你穿同样的装束去参加一个印度人的葬礼，你可能发现自己成了白色海洋中的一个孤独的小黑点。

接下来，我们将探讨涉及每种基本色以及绿色和黑色（上述颜色的选择受到可获得的研究资料的限制）的心理学研究成果。尽管这些内容实在谈不上详尽，但它们应该可以在颜色的心理和生理效果方面为你提供良好的证据，接下来你可以将其用于指导你的交互界面设计。

红色

那个女人如同一团炽热的……

红色始终与性感、性欲与渴望紧密相关，而且海量研究显示，我们也准备好了以一种强大的、本能的方式对红色做出反应。

这种颜色可以增加你的心率和饥饿感，如果你参加一个运动项目（任何事情都一样），穿红色运动服甚至可以帮助你取胜（抱歉，曼联队，我把你们的制胜法宝透露出去了）。事实上，在竞争形势下，我们自然而然地感知到红色意味着危险，而如果在需要成绩的环境下观看这种颜色，例如，参加 IQ 测试，会引发观看者的回避行为——我们会躲避难题！令人奇怪的是，红色也可以让时间流逝得慢些，而且当我们比较两种重量相同但颜色不同的物体时，我们倾向于感觉红色物体更重些。

在涉及性的问题上，研究表明，红色让男人觉得女人更有吸引力，而且看上去更加性感撩人。另外，我相信我们都能回忆起一两个有关红衣女人的绯闻。这种性感迷人的形象反复出现在我们的电影和小说中：格林兄弟的《小红帽》，一个反映兽性和受到压抑的性冲动的故事；经典电视剧集《太空堡垒卡拉狄加》中的六号——那个危险而性感的赛隆人；以及《黑客帝国》中那个诱惑尼奥的神秘红衣女子，等等。

虽然这些角色设定的时代不同，但每个人都暗含性感和危险，代表了一个在西方精神世界里反复宣扬的原型。

从历史来看，将近一万两千年以来，全世界的女人一直在用各种颜色的胭脂水粉让自己变得更美，而现在每年的情人节，我们都会向自己的意中人送出无数的红色、粉色贺卡和鲜花。当然，此类规矩也有例外的地方，其中就包括像沙特这样的国家。在沙特，每年在这个节日之前，红色都被禁止进入花店和礼品店，人们认为情人节是在鼓励未婚男子和女子之间发展不道德的关系。

尽管我们在文化层面对颜色有不同反应，但红色的确看上去带有性爱的含义，而且经常被有意用来激发身体的吸引力（例如，阿姆斯特丹著名的红灯区）。事实上，在一项研究中，心理学家发现，在看到穿红色 T 恤女人的图片后，男人更有可能认为她们是有吸引力的和对性骚扰持开放态度的；而在我们的近亲灵长类动物群落里，雌性在发情期间经常出现身体涨红的现象，这是向雄性表明她们做好了交配的准备。

尽管红色毫无疑问是一种令人兴奋的颜色，但一些心理学家认为实际上可能是饱满的红色具有上述效果，而不是该颜色本身。我们都知道鲜红色非常具有刺激性，这个事实或许可以解释为什么它被广泛用于警告信号，例如，停车标志和交通信号灯，而且尽管每种颜色都受文化上细微差别的影响，但红色在大多数人的眼中都意味着"热情""主动""活力"和"强烈的情绪"。

红色的影响力到底在多大程度上归因于先天或后天因素仍有待观察，但有一件事我们可以确定：红色提供了一个强大的、令人兴奋的和出于本能的暗示，这种暗示不仅给人类也给其他物种施加了巨大的影响力。如果你想在交互界面上使用它，一定要慎重。

蓝色

我感到如此忧郁……

如果你曾经听说过，你知道当有人说他们感到"blue（蓝色）"的时候，他们的意思可不是有光线以 450 纳米的波长从身上反射出去。我们用颜色表达情绪的方式表明，这两者之间存在着密切的心理联系，而且现在也有研究发现，颜色的饱和度和亮度等因素可能对我们的感觉方式具有强烈而持续的影响。

作为似乎具有普遍吸引力的少数几种颜色之一，蓝色被认为代表着沉静、安心、愉悦和放松。这种颜色也经常与信任、安全和财富联系起来，前面已经提到，这些联系可以解释为什么在银行和律师事务所等公司实体中，尤其是在美国，普遍存在蓝色元素。

它的普遍性也可以解释为什么三大著名社交媒体平台（Facebook、Twitter 和 LinkedIn）都使用蓝色 Logo。不过它的使用很普遍，但我们对这种颜色的感知依然受人口统计学因素（如种族、性别和年龄）的影响。例如，研究显示，在东亚某些国家，蓝色实际上具有冷酷和罪恶的含义！

那么它的普遍性源自何处呢？蓝色或多或少存在普遍吸引力的想法可以追溯到 20 世纪 70 年代，当时两位美国心理学家开展了若干有趣的研究，试图发现一群年轻学生对颜色和数字的偏好。

他们的方法很简单：他们要求参与者指出自己最喜欢的颜色，并且从 0 到 9 中选出偏爱的数字。有趣的是，这群参与者表现出一种普遍的偏好，即现在所谓的"蓝-7 效应"：研究显示，人们对蓝色和数字 7 存在心理偏见。

就文化差异而言，蓝色可以代表各种事物，例如，在印度代表纯洁，在伊朗代表死亡，在荷兰代表温馨。通过比较研究红色与蓝色对认知与决策的影响，我们发现，在蓝色背景下展示产品时，我们能够做出的评价更多是赞许。

令人奇怪的是，相比在红色环境中展示产品，在蓝色环境中展示产品时，我们的购买欲更强烈。事实上，与红色相比，蓝色在很多方面都具有魔咒效果，例如，激发创造力、压制欲念，甚至降低我们的血压。再比如，除非你是一个不食人间烟火的西方女人，否则当你看到蒂芙尼（Tiffany）那个拥有知更鸟蛋蓝色的著名小盒子[①] 时，你的心跳准会足足加快 20%！

蓝色可能影响我们对时间的把握，而且当蓝色被用作一个交互界面的主色调时，它甚至仅需通过诱导用户进入一种放松状态，便能创造出链接速度变快的错觉。它也是超链接的标准色，当谷歌决定用 40 种不同的蓝色色调（从绿蓝色到青蓝色）对用户进行测试，以便确定哪种色调更能吸引他们点击时，这件事还变成了一个巨大的争议话题。结果表明，青蓝色明显获胜。在现实世界里，蓝色甚至有可能让一个物体看上去变轻（和红色相反），而且当涉及服装配色时（例如，牛仔裤），它也是最流行的颜色选择。有趣的是，蓝色似乎也是其他一些物种，例如，大黄蜂、飞蛾和知更鸟等最喜爱的颜色。我们倾向于喜欢蓝色，可能源自我们的物理环境与辽阔的海洋与天空的联系，尽管这一点没有人可以完全肯定。不过，这种泛文化偏好却是有局限性的。例如，虽然你偏爱蓝色的湖水，但你绝对不希望看到蓝色的苹果。

[①] 知更鸟蛋蓝（robin's egg blue）是蒂芙尼品牌包装的标志色，而蒂芙尼的知更鸟蛋蓝礼盒又是每个女孩子心中梦寐以求的结婚礼物。——译者注

最近有研究发现，蓝光（就是我们的笔记本电脑和智能手机发出的那种光线）会抑制大脑中褪黑素的分泌，并促进制造警示效果的 α 脑电波的产生，这也是晚上长时间盯着屏幕会让你感觉疲惫但无法入睡的原因。另一方面，蓝光也可以改善认知能力，提高注意力、反应时间和心情。另外，科学家发现了一种新型感光细胞，它作用于大脑情绪中心并对蓝色敏感，从而解释了大艺术家们长期凭直觉创作的原因：蓝色是一种能唤醒回忆并在情绪上引发共鸣的颜色。

黄色

阳光黄（心情开朗）……黄肚皮（胆小）……

与蓝色不同的是，黄色通常代表活跃与兴奋，而且它与红色相似，能振奋人心，使观看者产生兴奋感。黄色通常被看作一种令人开心的暖色调，并与明亮和太阳有着令人愉悦的联系。然而，它又是一种变化无常的颜色，也可能让人萌生一种谨慎的心态，原因可能是它在自然界中通常象征着危险（例如，黄蜂和蛇）。

也许正是出于这种原因，黄色可能是最不受欢迎的基本色，当然它在东亚文化里与精神有积极的联系。人眼看到的黄色通常看上去比白色明亮些，所以我们通常用黄色吸引注意力，将其广泛应用于道路标志、汽车前大灯以及网络上。

绿色

妒忌得脸色发青……她有绿手指（她有高超的园艺技能）……他给我绿光（他给我打开方便之门）……

绿色具有各种各样的含义。尽管绿色多与大自然相关（因此被认为能带给人相当轻松的感觉），但在美国，深绿色还代表了地位与财富，而豆绿色通常与恶心有相当令人不快的联系。当涉及普遍含义时，绿色经常与白色和蓝色放在一起代表"温和""安宁"和"平静"。在某些地方（例如，美国和巴西），消费者还会把绿色与"美丽"联系起来。

黑色

黑如暗夜……

先说显而易见的寓意，黑色通常与黑暗相关，但它在西方也代表着高雅和死亡，而且正如"in the black"（盈利）和"black tie event"（需穿正装出席的场合）等习语所阐明的那样，它还表示财富与成功。

在设计中，黑色经常被西方白领阶层用来表达正式与庄重之意，而且它与棕色（在特定文化里有"陈腐"和"悲伤"的含义）有密切的联系。

奇怪的是，研究发现，在体育运动中，恶意与黑色比赛服存在某种联系，那些在比赛中穿黑色服装的运动队比那些身穿白色服装的运动队更可能有攻击性行为。

利用社交媒体创建高价值客户服务

由于市场营销汇集了客户服务和销售，所以今天的市场营销更多的是注重帮助而不是大肆宣传。

乔尔·布克，销售人员

探索用户行为背后的心理动机

从传播新闻和社会评论，到与亲朋挚友保持联系和发泄自己的情绪，社交媒体在这个时代更多的是充当我们最重要的沟通方法。如今，不管我们喜欢与否，不管在私人层面还是在商业层面，这些构成我们社交风景线的形形色色的平台，在我们所有人的生活中都起着重要的作用。尽管我们大多数人可能用社交媒体维持社会关系、搜索信息并获得一种归属感，但各品牌正越来越多地将这些平台视为一种与其受众直接进行沟通的方式，而且还有更多具有前瞻性的组织将其看作客户服务环节另一种有价值的资产。

近年来，尽管社交媒体让我们的注意力碎片化，让我们更加自恋，并因降低了现实生活中人际交往的质量而受到诟病，但社交媒体让我们有能力去了解现实世界的各种动态。借助正确的工具，从在人格上塑造我们的在线行为，到疾病的扩散和股票市场的波动，社交媒体可以为我们提供前所未有的获取洞察力的途径。

为了了解如何最大限度地将社交媒体用于商业用途，我们必须首先探索隐藏在用户行为背后的心理动机。通过调查，我们选择分享的内容的类型，我们可以发现一些最丰富和最具启发性的洞察。从视频和模因到评论和文章，社交内容发挥了至关重要的作用——它不仅表明了我们是谁，也透露出我们的朋友是谁，以及他们能够容忍（不能容忍）的事物。

为了满足感觉到被爱和被接受的愿望，很多人会到这些平台上寻求验证，变得日益依赖于通过收到的反馈来支撑我们在社交活动中的自尊心。虽然证据显示，有些人在通过社交网络构建强大的社会关系方面获得了提升，但也有研究表明，对大部分人而言，他们事实上得到的结果是相反的。越来越多的研究机构指出了社交媒体带来的风险，即社交媒体可能导致精神健康、睡眠和自我价值感等方面的障碍，而且我们对注意力的渴望导致很多非常自恋和自我膨胀行为的出现。

我们选择在网络上分享的东西不仅源于我们自己的价值观、偏好和信念体系，也源自他人的价值观、偏好和信念体系。对于我们的每一个帖子、状态更新或每一条内容，我们都以喜欢、转发、顶帖、分享、评论或潜水等形式收到社交响应。然后这些响应（或无响应）便充当了某种强化形式，鼓励特定行为的发生（例如分享更多人们觉得好玩、有趣或适当的内容），并阻止其他行为的发生（自己撤销或删除不受欢迎的意见和信息）。正是出于这种原因，才有如此多的人喜欢编辑他们自己要发布的内容，删除没有足够吸引力的帖子，并宣传有吸引力的内容。

让枯燥的内容更有益于心理满足

如果你曾经观看过、分享过或不经意间创建过病毒式传播的内容，你便知道此类与众不同的模因有其特殊性。病毒式传播内容的强大效果通常是因为它充当了"情绪感染"的载体。所谓情绪感染是指分享者（或内容）通过有意识或无意识的情绪状态和态度诱导影响他人情绪的过程。事实上，社会心理学家伊莱恩·哈特菲尔德（Elaine Hatfield）及其同事提出，我们实际上可以通过让我们的表情、姿势、声音和手势与我们的目标受众实现同步来诱导他们的情绪。这意味着，如果你知道目标受众是谁并能相应地反映他们的偏好，那么你创建的内容将更有可能成功诱导期望的情绪反应。

研究显示，无论你因情绪消沉需要快速振作起来，还是为了暂时放松一下而浏览一条动态消息，一个帖子的情绪内容（积极的和消极的）可能都是具有高度传染性的。所以一般来讲，情绪内容是很容易分享的，不过探索这种效果的大规模研究发现，积极的 Twitter 信息和 Facebook 帖子事实上比消极的信息更具传染性，这或许可以解释为什么大多数具有病毒式传播特征的模因通常都是那些搞笑的内容。

在危机期间，这种幽默感往往成为一种颇受欢迎的情绪释放，让我们能够与他人建立联系以减少压力感。人们在特别紧张和害怕的时候，会被激发所谓的"照料和结盟反应（tend and befriend response）"，正是这种生物上的归属感需要推动着我们很多人围绕不同的话题聚集起来，以期在与其结盟的人群中博得同情心。有趣的是，我们现在在线下开始采用线上的活动方式（例如，话题标签），也是为了在各种情形下大规模地促进社会联系。

不过就你使用的社交媒体而言，如果希望人们对你的内容感兴趣，你要有抓住他们注意力的能力。虽然你有可能借助与人格有关的关键词和架构技巧从心理学角度优化你的内容，但你可以利用更为普遍的原则确保将其传播给更广泛的受众。从早期纸媒的大字标题到我们今天在网络上看到的根据特殊算法生成的标题，只有那些能够激发我们最大好奇心的内容才最能引起我们的注意。尽管技术已经发生变化，但现在的广告撰稿人依然沿用很多相同的文字技巧和触发词来引诱我们。这些方法在点击诱饵横行的大背景下算是很有礼貌的，但如果你能创建提供价值并履行承诺的内容，同样的心理学手段可以让本来枯燥的交流变得更有益于心理上的满足。

▶ 可采取策略

创建诱人点击的标题

- 比如说，你希望为一本网络生活杂志撰写一篇有关煎蛋的文章。你可以使用这样的标题："如何煎蛋"或者"为啥我爱煎蛋"，或者你可以运用几个心理学原则使其更吸引人。虽然你可以采用各种不同的方法来满足你的特殊需要，但我还是要简单介绍一种方法，你可以立刻用来优化文本。

触发词

- 为了让你的标题更吸引人，你可以充分利用各种形容词，例如，不可思议的、令人惊奇的、秘密的、神秘的、奇怪的、令人震惊的、古怪的、惊艳的、匪夷所思的、基本的、难以置信的，等等——而我最喜爱的一种说法是"你想多了……"

公式

- 一旦确认了内容的核心信息，你便可以借助下面的公式优化你的标题：数字＋触发词＋形容词＋关键词＋承诺＝诱人点击的标题。
- 当你将这个公式应用到最初的标题"如何煎蛋"时，它就变成了这样："13种难以置信的方法轻松搞定小小的煎蛋。"

把界面设计成劫持我们的神经化学过程

不管我们利用社交媒体促进社会评论，创造共享文化体验，还是改变其他人的心情，其实对于我们习惯的行为模式而言，还存在着更黑暗的、更让人上瘾的一面。不管是浏览一份动态消息、社交资料还是我们电子设备上不计其数的通知，很多我们用于日常互动的用户界面都是故意设计成了劫持我们的神经化学过程。想知道这是怎么实现的吗？答案是通过触发多巴胺回路。

20世纪50年代，多巴胺首先得到瑞典研究人员卡尔松（Carlsson）和希拉普（Hillarp）的确认。它经常被描述为大脑中负责奖励的化学物质，可以提高我们的唤醒水平并推动我们寻找愉悦感。除了这些享乐主义的追求之外，从我们的心情、注意力和动机，到思考、运动和睡眠，多巴胺还在各种事物中发挥着重要作用。就愉悦感而言，位于中脑边缘系统通道（将伏核与中脑腹侧被盖区连接起来的一个大脑区域）上的D2受体似乎是推动我们做出需要的行为的最关键因素，当事情出现偏差时，它可能导致成瘾。

　　虽然特定的多巴胺系统可以推动我们寻找新的体验，但实际上它只是对促使我们喜欢或欣赏这些体验的阿片肽（opioid system）系统起补充作用。问题是从进化角度看，如果我们的祖先寻找的超过他们满足的，那他们便会有巨大的生存机会，这意味着我们遗传了一个天生处于不断需要状态的大脑。

　　在网络世界里，愉悦感是即刻的、得不到满足的，更重要的是，它也是无法预料的［"可变比率强化（variable-ratio reinforcement）"］，我们的多巴胺系统可能会失去控制，以一种阿片肽系统都没有机会启动的速度搜索新信息。这种搜索行动本身变成了一种奖励，在了解清楚之前，我们便已落入了一个多巴胺回路之中，越来越难以将自己从设备中解救出来。由于我们所使用的大多数平台都有默认开启的通知，因此这些听觉、触觉和视觉提示都充当了触发我们寻求奖励行为的外部线索。

　　随着时间的推移，我们逐渐习惯于紧跟此类线索以期获得可能的奖励，而这一趋势只会让我们习惯性地查看行为变得更为严重。事实上，这种预期已经变得非常糟糕，我们日益陷入了自我干扰的境地，即使代价明确而沉重，我们依然无法自拔。尤其令人担忧的是，我们可能要花大约23分钟才能重获和之前相同的抗干扰水平的注意力。所有这些注意力和时间都被不假思索地倾注到我们的设备和社交平台上，你该如何应对这种现象才能既给你的受众带来价值，同时也给他们带来了满足感呢？其实这都取决于你们之间的互动质量。

与客户对话的四个原则

现在，科技成了我们日常生活不可或缺的一部分，客户开始期待与其互动的品牌能够触手可及。虽然首选渠道可能因年龄不同而不同（25 岁以下的人偏爱社交媒体，25~34 岁的人选择电子邮件，而移动应用程序是每个 55 岁以下的人最喜欢使用的三种互动渠道之一），但客户越来越多地借助社交媒体接触品牌，而且他们这样做时有两个关键途径：主动的和被动的。

当客户遇到服务问题时——通常当他们因某件事出错而愤怒或心烦，或当他们在其他地方得不到回应时，他们会主动上网搜索一个品牌。弗雷斯特（Forrester）报告称，55% 的美国成年人在无法快速找到问题的答案时会放弃网上购物，而 77% 的人指出一家公司所能做的最重要的事情是珍惜人们的时间。很显然，社交媒体为提供强大、快速的客户服务带来了一个独特的机会，它将真正影响企业的口碑和盈利状况。

使用类似 Twitter 这样的平台接受咨询的品牌不仅拥有更高的客户满意度，还会提升品牌忠诚度，进而推动销售。事实上，最近的一项研究发现，一家航空公司在 Twitter 上对客户的响应越快，它们由此产生的收入就越多。那些发出信息或投诉后收到回复的客户在下一次购买该品牌的旅行产品时，更愿意平均多支付高达 9 美元的费用。不仅如此，如果在六分钟内便收到了回复，他们未来更有可能在该航空公司身上多花 20 美元。

虽然当事情出错时，客户往往会采取更主动的方式，但当你让他们感到快乐或者他们不喜欢你的做法时，他们也会被动地使用社交媒体，以便对品牌推广内容或市场营销活动做出回应。我最喜欢的一个品牌便利用了这一特点。英国乐购连锁超市（Tesco）在一次情人节营销活动中自嘲了自己饱受诟病的自助结账柜台，它在社交媒体上贴了一张柜台的照片，并为其配上了文字："你是我的装袋区最意想不到的 # 爱无处不在（You're the unexpected item in my bagging area

#LoveIsAllAround)。"

除了话题标签之外，众多品牌也一直在做线下的努力。2011 年，一位名叫彼得·沙克曼（Peter Shankman）的作家在佛罗里达坦帕国际机场等候飞往纽约的航班时，给纽约当地一家牛扒餐厅发了一篇推文："嗨 @ 莫顿餐厅——我会在两小时后抵达纽约机场，你们届时能给我送上一份上等腰肉牛排吗？不胜感谢！"牛扒餐厅看到了他的信息，等到彼得所乘航班着陆的时候，餐厅已经派了一名侍者带着一份 24 盎司的免费上等腰肉牛排及配菜在到达区等候他。当然，彼得在网上贴出了他的消费体验，这个迷人的噱头引来了其他商家的仿效，成为一个线下营销的典范。

那么，如何把这种方法应用到你的客户服务策略中呢？鉴于客户希望在自己选择的对话渠道上获得即刻的、轻松的和舒畅的体验，若要提供一次令人印象深刻的服务，你必须研究他们在哪方面最活跃，这些平台的侧重点是什么，以及每个渠道最适合什么内容。有很多社交监听工具可供利用，帮你获得你想要的信息，也有若干原则可以帮助你充分利用社交媒体上的客户关系。

第一个原则是实时回复，如果可能的话，将回复时间控制在一个小时之内。Twitter 发布的统计数据显示，客户响应时间从 4 秒到 221 个小时不等，平均响应时间是 1 小时 24 分钟。考虑到大约 60% 的顾客期望在 60 分钟内得到回应，不用说，你回复的速度越快，客户就越高兴，即使这意味着你只是发出了一条最简单的推文，告知对方你收到了他们的信息并承诺稍后跟进，其结果也是这样。

设定客户期望值以便最大限度地减少挫折感和不确定性也很重要。在这方面，有一个品牌做得非常好，那就是荷兰航空公司（@KLM）。它的标题背景图片上写着这样一行文字："我们预计在 11 分钟内回复。每 5 分钟更新一次。"还有一个 150 人的专职团队，以 13 种语言每周 7 天提供全天候的支持。荷兰航空的 Twitter 账号堪称设定客户期待值并使用社交媒体为客户提供高效服务的范例。

很多社交平台提供的私人性质的、一对一互动意味着人们现在可以和真实的人对话，这便涉及我们提到的第二个原则。研究表明，当客户在 Twitter 上收到个人化的回复（包含品牌代表姓名和用户姓名的信息）时，77% 的人可能会向他人推荐该品牌。66% 的人在非个人化互动后不会推荐一个品牌，相比之下，你现在有足够令人信服的理由让你的企业交流实现个性化。

每次回复时尽可能做到个性化、友好并使用真实姓名和签名。你也可以采用类似声破天（Spotify，一款以故意的搞怪互动著称的音乐流媒体服务软件）的方法让你的内容更具针对性。声破天的 Twitter 信息可能非常调皮，给客户的回复往往包括一首精心挑选的歌曲或一个播放列表，目的是将挫折转化为喜悦，从而解决过程中的任何问题。

第三个原则涉及同质性，也就是我们倾向于寻找并绑定与自己类似的人。前面已经提到，当涉及沟通与口碑时，我们不仅更容易认为一个同质源比相对的非同质源更可靠、可信，而且此类信息的效果可能更好。这一原则可以轻易地移植到网络上，只需在适当的时候将客户的语气和做派真实地反映出来。

有关这个原则，我找到了一个很精彩的例子。这个 Twitter 对话发生在一家叫 Sainsbury's 的英国百货店和它的一个顾客之间。该品牌收到了这样一条投诉："亲爱的 Sainsbury's，我的三明治中的鸡肉吃起来好像那只鸡是被胡克·霍根[①]暴打致死的一样。这是不是真的？"该品牌给出了同样调皮的回复："@（客户姓名）真的很抱歉，它还差些火候。我们将立刻用我们生产线上的终极战士替换霍根先生。"这个小小的互动不仅让其投诉者感到满意，也让其他 Twitter 用户很开心，他们纷纷将互动过程转给了自己的粉丝。

第四个通过社交媒体维持良好客户关系的原则是保持诚实和正直。我们都会

---

① 胡克·霍根（Hulk Hogan）与终极战士（Ultimate Warrior）均为美国著名职业摔跤手。终极战士曾多次战胜霍根。——译者注

犯错误，无论是欠考虑的状态更新、失败的推文，还是不适当的评论，其所辐射的程度将取决于你如何处理形势的发展。在这种情况下，结果可能在很大程度上取决于你不做什么，以及你主动采取的措施。要重点避免的错招包括：采用一套提前准备好的通用辞令回应个人的投诉；否认一个真实发生的错误，或者推卸责任；恼怒的或辱骂性的回复；以及没有迅速做出回应，甚至更糟的是，根本不予回应。

当事情出错的时候，很多品牌往往没有意识到其中蕴含的机会，这本可以让他们与那些已经建立起情感联系的顾客保持良好的关系。当你处于充满感情的互动的接收端时，如果你能以一种有意义的、私人的方式与客户沟通并帮助解决问题，那么你便更有可能为所有相关方带来积极的结果。你不仅能解决手头上的问题，而且那些被倾听、被关心的客户也会继续成为你的品牌的拥趸，并帮助你建立一个更具复原力的品牌形象和良好的客户服务声誉。

这里可以举一个出现社交媒体失误但应对得体的例子，也是我最喜欢的一个例子。2011 年，美国红十字会媒体专家格洛丽亚·黄（Gloria Huang）深夜通过该组织的官方账号发出了这样一封不知所云的推文："瑞恩又找来了两件 Dogfish Head 啤酒厂四瓶 Midas Touch 啤酒……不醉不休 #gettngslizzerd。"这条推文发了大约一个小时后，社交媒体总监温迪·哈曼（Wendy Harman）接到一个电话，便将其撤下了。第二天早上，他们又发出了下面这封非常可爱的官方推文："我们已经删除了那条恶作剧般的推文，但请放心，红十字会是清醒的，我们已经没收了她的钥匙。"这样就化解了一次公关危机，并让很多粉丝满心欢喜。他们睿智的反应甚至引来 Dogfish Head 啤酒厂的响应，后者呼吁他们的粉丝给这家慈善机构捐款，从而以一场相关各方共赢的公关活动结束了这起意外事件。

▶ 可采取策略

社交媒体是客户服务的延伸

- **积极吸引你的客户**。客户主动与品牌接触（当事情出错时，这是一个消极的反应）并产生（积极的或消极的）反应。如果他们是带着抱怨情绪联系你，你可以让谈话更私密些，例如，通过私聊、电子邮件或电话沟通，确保后续跟进时让他们的问题得到圆满解决。为了促进积极的、互动式的参与，你可以寻找让客户感到惊喜和能取悦他们的独特方法。你可以揶揄自己的品牌，为某个热门话题提供独特的洞察力或幽默感，或者使用一个能营造自己独特口碑（线上或线下）的噱头。

- **快速响应**。当客户在社交媒体上联系品牌时，他们都期待得到快速的回复。因此，为了最大限度地减少负面消息被放大的风险，你最好做到实时（或者至少在一个小时内）响应，并通过在官方社交渠道上注明预期响应时间来设定期望值。

- **保持个性化接触**。不管你从事什么行业，当你回复客户时，确保你的回复是个性化的。在回复时直接称呼客户的姓名或社交场合的名称，以此营造更强烈的融洽感。你的语气应当是友好的，如果适合你的品牌定位，也可以使用俏皮的和非正式的语言。

- **寻找相似之处**。我们通常喜欢和信任那些与我们相似的人，所以如果你能模仿客户的语气和语言，你的信息就可能更有效果和更受欢迎。

- **要诚实**。当你犯错误的时候，最好的办法通常是迅速、直接地承认错误。如果你能解释犯错的真实原因并与客户沟通解决之道，那客户很可能就会彻底原谅你。

聪明地对付网上"捣蛋鬼"

如果我们介绍了社交媒体的心理动力却不触及其阴暗的一面，那就是不全面的。近年来，大量研究已经开始探讨电脑辅助沟通对我们行为的负面影响。从匿名的冲动行为，到那种摆脱抑制的感觉（这种感觉可能导致我们中的一些人在网上比面对面时更频繁、更强烈地自我表露出来），有很多因素可能会对我们的社会交往产生糟糕的影响。

好像我们从属于一个更广泛的、去个体化的群体（当人们围绕某一特定话题标签聚集在一起时，可能产生类似这样的群体），在历史上这种感觉的影响一直与强化的暗示感受性（Suggestibility）、同理心减少、社会状况的错误解释和攻击性增强之类的结果相关，我们可以看到它的很多方面都反映在当今网络的社会动态中。虽然我们大家可能或多或少地受到上述作用的影响，但当有人带着最大的破坏性意图故意激怒他人时，我们都会更加迷茫。

有一些习惯从事这些破坏行为的人，在人格特质方面表现出惊人的一致性，我们通常把他们叫作"捣蛋鬼（trolls）"。在对1200多人所做的两次网络评论行为研究中，心理学家发现，那些最喜欢在线捣蛋行为的人在四类特质中得分最高。这些特质即所谓的"暗黑四人格（Dark Tetrad）"，包括自恋（对自己过分感兴趣）、马基雅维利主义（冲动、有魅力和好指使人）、精神变态（冷酷、无所畏惧和反社会）和虐待狂（以伤害他人为乐）。事实上，研究人员发现，虐待狂和全球网络捣蛋行为评估（GAIT）分数之间的关联是如此紧密，以至于捣蛋鬼们可以被认为是"典型的日常虐待狂"。那么你该如何和他们打交道呢?

▶ 可采取策略

不要助长捣蛋鬼的情绪

- **保持警惕**。如果你在任何社交平台上收到了愤怒的、情绪激动的或恶毒的评论，首先要做的就是确定这些是真正的抱怨，还是只想给你添堵的捣蛋行为。最简单的应对之策是检查这个账号发送给他人或其他品牌的类似互动是否存在问题。如果你在社交平台上发现了某种不好的苗头（例如，很多针对他人的类似辱骂评论），那么最好的方法就是不要参与。

- **制定行为规范**。我们在网上都有可能变得情绪激昂，如果拥有一套涉及你的交互界面和整体社交形象的行为规范，有助于建立起客户期望。一个很好的例子是 Moz 公司的 TAGFEE 规范，这是一套旨在反映品牌核心价值观并鼓励营造一个安全、礼貌的合作环境的社区和员工指导方针。

- **屏蔽他们**。现在大多数社交平台都允许你屏蔽并举报辱骂行为，而且有很多品牌和名人开启了禁止评论功能，这样便完全避免了针对特定交互界面的捣蛋行为。基于你的策略，你或许希望或不希望完全屏蔽与所有客户的互动，而且在大多数情形下，你还需要在不同的平台采用不同的方法。

11 DESIGNING PERSUASIVE VIDEOS
设计说服性视频

一部电影、一场戏剧、一首乐曲或一本书都能发挥各自的作用。它能改变世界。

阿伦·瑞克曼，演员

让视频成为最易跟踪、最性感的界面内容

与网络上的其他媒体类型相比，视频在即时性方面是独一无二的，它可以向观看者提供海量的情感和信息内容。由于视频是一种即时的沟通方式，所以它的优势在于能够创造一种共享体验，在这种体验中，无论人们身处何处，他们都可以在同一时间观看同样的内容。与所有社交内容一样，让人们以这种方式参与其中，有助于产生一种深刻的联系意识和社区意识，形成口碑并扩大你的信息覆盖范围。

与图像或文字不同的是，视频和音频会根据展现的故事或信息确定节奏。尽管事实上人们可以选择在任何时候停止观看，但内置的视频托管平台分析工具比以往任何时候都更容易评估出人们何时离开。这意味着你可以精确跟踪个体在观看一段视频多长时间之后停止观看，这或许有助于推断为什么视频不能像预期的那样吸引观看者，从而进一步优化你的媒体的制作过程，让视频成为一种最容易跟踪、最感性的网站内容。

当在现场使用时，无论是泛泛地展示还是用于展示特定的产品或服务，视频都有助于提高转化率。一项针对电气网站 ao.com 的客户行为所做的业余研究发现，那些观看了产品视频的人 100% 有可能产生购买意向，他们的消费比那些没有观看视频的人平均高出 9.1%。在另一项研究中，那些在 wistia.com 网站观看了视频（指所有视频，不仅仅是那些产品视频）的客户的平均转化率可能高达 63%。

我们为什么要观看视频

从心理学角度看，我们观看视频有各种各样的原因。第一个原因听起来可能特别不科学。互联网上充斥着稀奇古怪的视频，这些视频没有任何特殊的原因［还记得《去死吧，丹尼尔》（ *Damn, Daniel* ）吗？］便开始了病毒式传播，在这种情况下，助力它们走红的魔法粉尘是短暂的，很难解释清楚，因此很少能再现。

我们看视频，是因为这些视频提供了一种模式中断、一种续发事件或一段蔑视我们预期的故事来激发我们的好奇心。这里有一个很好的例子：盖可保险（Geico）的 15 秒钟《上升：快进》（ *Going Up: Fast Forward* ）广告。这是一则在 YouTube 上投放的前插播广告。故事发生在一部电梯内。一个女人告诉她的朋友转投盖可保险可以帮她节省买汽车保险的钱，而一个梳着奇怪发型的秃头男人则在冷眼旁观。在我们没看明白之前，视频突然中断，这时屏幕上出现了一段文字："盖可保险。我们现在快进到这则广告的结尾。"同时有画外音提示。几秒钟之后，我们重新看到视频，发现现在三个人都谢顶了，此时，女人一边急匆匆地走出电梯一边抱怨："下次，我们还是走楼梯吧。"视频的结尾提供了一个链接，邀请人们"点击观看发生了什么"。

这则广告之所以让人欲罢不能，是因为它破坏了我们对前插播广告的格式与内容的预期，我们本来期待它是线性叙事的，持续 30 秒钟，语气中充满自私自利，一副恨不得把产品推销出去的嘴脸。然而这则广告挑战了我们的假设并激发了情绪反应，导致我们的注意力得不到满足，我们觉得有必要积极地关注这条信息。

通过这个例子，我们可以发现观看视频的根本原因——我们参与到内容中并以此改变自己的情绪状态。视频中包含很多现实生活的线索，我们依靠它们彼此交流和相互理解（从面部表情和手势到语言内容和语调）。视频是传递情绪感染的最有效的内容类型之一。这是一种在情绪范围的两端——从快乐可爱到痛苦悲伤，都可以利用的现象，我们只需要看一下无处不在的猫咪视频，便能明白它的作用。信不信由你，科学家们实际上已经做过相关的研究，探究我们为什么要花这么多时间观看猫咪的视频。事实证明，即使是一段短片，也足以带来情绪上的回报。参与者报告称，看几分钟猫咪就能让他们感到精力充沛，信心满满（不再感到焦虑、烦恼和悲伤）。

更能打动人心的讲故事技巧

虽然我们倾向于享受和分享带有积极情绪效价（emotional valence）的内容，但让我们感到悲伤和愤怒的视频也可能是有说服力的和强大的。大赦国际（Amnesty）进行的一次视频宣传活动便是一个很好的例子。画面中，一个澳大利亚女孩正在参加晨间宗教仪式，而另一个生活在战乱中的叙利亚女孩也在参加同样的活动。分屏展示相似的场景，屏幕左侧是澳大利亚女孩，右侧是叙利亚女孩，大赦国际传递的不仅是两幅画面场景上的相似之处，也包含两个女孩所面对的截然相反的现实。

这样的故事之所以引人注目，可以从神经和心理方面找到原因。在普林斯顿大学开展的一项功能磁共振成像研究中，神经科学教授尤里·哈森博士（Uri Hasson）及其团队研究了当我们讲故事和听故事时，我们的大脑里到底会发生。他们发现，当两个人参与此类互动时，大脑中相当数量的区域都会显示出相似的反应，他们将这一行为描述为神经耦合。他们提出，讲故事事实上远非一个被动的过程，而是一种体验。换句话说，当故事圆满结束时，无论是讲述者还是听众，都达到了完全一致的状态。

然而，要做到这一点，我们还需要一种巧妙的、细致入微的方法。研究发现，无论你想让人们购买你的产品还是为了某项事业而捐赠，类似同情、悲哀和怜悯这样的感觉，都在我们相互联系和帮助的过程中发挥着核心作用。从心理学角度看，通过一个人而非很多人的视角讲故事也可以对你的信息接收方式产生深远的影响。慈善机构早就知道这种方法的效果，后续研究也支持他们的策略。

考虑到我们的关注实际上放大了我们在情绪化状况下的反应，而且群体规模越大，我们的注意力和专注力越弱，所以一个故事在展现某个个体的困境时，需要最引人注目才有意义。例如，每当电影中出现战斗场面，只有当镜头聚焦主人公而不是一群战士的时候，场景才会打动人心。由于我们更可能将一个个体而非一群人作为心理学意义上的相关单位，所以这或许可以解释为什么我们会对前者表现出更大的怜悯和悲伤。

这种现象在学术文献中被描述为心理麻木，正是这一现象被认为是我们今天所看到的许多行为不对称的根源。对待不起眼的小故事（例如，从搭建在曼哈顿的巢穴中被驱逐出来的红尾鹰的遭遇）和对待那些宏大场面（两百万无家可归的苏丹人令人绝望的生存状态）相比，我们的情绪反应有所不同，这种差异表明，我们处理事件的方式在根本上存在不同。如果你试图通过视频与受众建立联系，以此迫使他们采取行动，那么关注一个围绕个体展开的特定的、感人的、孤立的故事通常比讲述抽象的、同质群体的故事更有效果，这就是原因所在。

利用峰终定律巧妙设计视频

无论我们讲述的故事是大或小，是复杂还是简单，都能带领我们从一种情绪状态进入另一种情绪状态，或在二者之间进行多次转换。基于你的视频长度和想要达到的目的，以及面向的受众，你可以使用各种不同的模式来帮助你构建故事。可以先阅读一本《千面英雄》（*The Hero with a Thousand Faces*），它是一本由美国神话学者约瑟夫・坎贝尔（Joseph Campbell）撰写的富有创造力的好书，探索了英雄原型的成长历程。

可以借助世界各地的文化撰写引人入胜的故事。有一个最著名的叙事弧[①]可供你参考，这便是《英雄之旅》（The Hero's Journey），无论是戏剧和神话，还是宗教仪式和心理发展，似乎都表现为 12 个发展步骤。这种模式已被应用于很多我们今天熟知和喜欢的故事中，甚至乔治・卢卡斯（George Lucas）都承认《星球大战》系列电影也受到它的影响。

无论你使用坎贝尔的《英雄之旅》，还是他的另一种模式，这里有两个使用上述方法的广告值得揣摩一番，它们是约翰・刘易斯（John Lewis）的圣诞节广告《旅程》（The Journey）和大都会人寿（Metlife）的保险广告《我爸爸的故事：一切为了孩子》（My Dad's Story: Dream for My Child）。这两个视频都对情绪的起伏做了精心安排，以便让观看者的注意力保持到最后。在这一点上，它们给受众留下了一个得到强化的、积极的情绪高潮。一个强大结尾的重要性无论怎样强调都不过分。在行为经济学领域，甚至有专门的说法来描述这一启发法，即"峰终定律（Peak end rule）"，这个术语是指我们倾向于基于我们对高峰和结尾（最强烈的体验点）的感觉而非平均值或每个瞬间的集合来判断体验。如果你想创造说服性视频，可以利用这种定律精巧地设计情绪的高点和低点。

除了一个故事的叙事弧之外，我们还有可能深受更多内在刺激（例如瞳孔放大）的影响。尽管功能性磁共振成像的研究表明，我们可能并未意识到无论男人还是女人的瞳孔在性唤醒时都会放大，这个事实或许可以解释我们对拥有大瞳孔脸部照片的偏爱。瞳孔反应可能指示任何状态，从精神状态、注意力和心理活动强度的变化，到我们在欣赏喜欢之人的照片时体验到的多巴胺快感，但一般来讲

[①] 在西方文学理论中，任何一个完整的故事都存在一个包含五个阶段的叙事弧（Narrative arc），即阐述、上升、危机、高潮和结局。——译者注

放大的瞳孔通常传递出一种积极的唤醒信息。

广告行业深谙此道。2015 年，百比赫广告公司（BBH）决定将上述研究成果用于为奥迪新 R8 V10 Plus 制作的一则 60 秒广告中。他们首先让一位车手驾车跑完一圈赛道，并收集其生物特征数据，接下来用这个数据创建了一段记录驾驶过程瞳孔实时放大的特写镜头的视频。它们借助这种方式传达兴奋的内心体验，使广告传递给观看者一个具有唤醒作用的、强大的生理信息。

不只是心理描述的指引能提高我们的唤醒水平，音乐也可以引起这样的反应，例如，增强我们的积极性、愉悦感，使我们更放松，并减少疼痛和焦虑感。音乐甚至可以提高或降低我们的呼吸频率和心率，当然它们都取决于节奏是欢乐的还是平静的。这就是为什么当你为自己的视频选择配乐时，你应当确保它引发的唤醒水平与你的内容和行动召唤是匹配的。

研究发现，可以吸引人们注意力的不仅仅有音乐，如果你正在制作一则广告或一段视频内容，那么降低说话的声调可以表明状态信息，他人可能认为这种状态是有影响力的、有声望的和令人敬佩的，并且是与行为影响力正相关的特质。然而，当一个人压低声调时，在外人看来也可能带有恐吓和盛气凌人的意味，所以必须辅之以谨慎的态度才能获得平衡。当然，在创建视频时，你也可以利用肢体语言、手势和着装之类的非语言线索，反映你的受众的偏好和期待（汉堡王的反前插播广告便是一个很棒的例子）。

▶ 可采取策略

通过平台投放视频

- Facebook、Instagram 和 Twitter。所有这些平台都允许自动播放视频，这意味着如果要获得最好的响应，你的视频即使没有任何声音也要在视觉上引人注目（使用情绪饱满的视觉效果和 / 或字幕可能效果不错）。由于这些渠道主要是通过移动设备访问的，所以你的视频格式可以是垂直的，即非 16×9 的格式。而且由于浏览行为通常摆脱不了"feed 流"的持续冲击，所以不管你的视频内容是什么，它必须在播放的前几秒钟便能吸引人的眼球，以便快速捕获浏览者稍纵即逝的注意力。

- YouTube。众所周知，**YouTube** 是主要的视频托管平台，尽管如此，一直以来它最受欢迎的内容还是音频（音乐）。在品牌广告方面，那些最成功的广告往往是出乎我们的预料、改变我们的情绪状态并让我们发笑的视频（例如，前文提及的盖可保险和汉堡王的广告）。

- Vimeo。该渠道是另一个很受欢迎的托管平台，主要吸引更小众的、更有创意的社区入驻，并成为一个分享工作的好地方，因为你在工作中总是希望收到更多建设性的反馈意见。

- **你的网站**。与你的社交渠道的视频相比，你为网站创建的视频旨在获得一种不同的结果。现场视频应该以目标为导向并为网页环境提供服务，绝不能搞成一个孤立的视频。如果你希望提高播放率，就应该把你的可视化视频（缩略图和视频播放器）品牌推广与你的品牌和网站匹配起来。视频在页面的位置是否突出也会影响参与度，而且一般来讲，它在页面的位置越高，获得的浏览量也越高。无论你创建什么内容，一个漂亮的、设计意图明确的缩略图（尤其是那些包括人脸的缩略图）更能刺激人们点击观看。

- **企业视频托管**。如果你正在为网站设计专用的视频，有几个专门为这种用途开发的平台可供你使用，例如，**Wistia**、**Brightcove** 和 **Vidyard**。与视频社交平台不同的是，这些平台提供更详细的个性化分析方法、工具和功能，这些服务可以帮助你管理内容并汇集关键数据，以便优化工作方法。

PART3

第三部分

诚信是最大的力量

互惠原则	一致性
平等交换	承诺
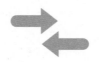	

罗伯特·西奥迪尼教授的
影响力的六大原则
以及如何在线使用它们

在这个日益复杂的、快节奏的世界里，我们常常依靠启发法（认知捷径）帮助我们做出决策，并有效地解决问题。如果你了解这些方法是如何发挥作用的，你就可以运用它们来影响在线行为。

互惠原则	一致性
给予的义务 获得的义务 回复的义务	我们的行为方式与我们的价值观和身份相一致
开始交换： －积极主动 －赠品 －做出让步	获得承诺： －识别用户的特质 －激活自我概念 －提出你的要求

定价和价值

你知道……

以**数字 9** 结尾的价格被称为魅力价格，是因为它们能带来**更大的销量**吗？

潜意识地

当访问者打开你的界面时，他们都会仔细寻找相关线索的详细信息，这与它是否安全以及他们是否信任你无关

社会认同	喜欢	权威	稀缺性
群居本能	相似性	专家魅力	供应短缺

我们很自然地会注意提示人们行为方式的线索	我们倾向于顺从事实上与我们相似的人	我们因与权威人士行为一致而得到奖励	我们通常重视供应短缺的商品
我们顺应以下情况： －群体很强大 －生理上与我们接近 －成员众多	提升你的魅力： －突出相似性 －真诚赞美 －做值得信赖的人	你要做这件事： －表明你是专家 －提供证据 －启发灵感	在网络上使用这个原则： －设计限时抢购 －设计倒计时模块 －显示存货有限

行为链

现在许多在线服务的成功取决于相关公司说服用户采取具体行动的能力。

B.J. 福格和 D. 埃克尔斯

这一模型有助于解释如何随着时间的推移构建说服力从而

实现目标行为

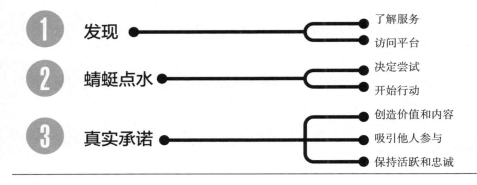

① **发现** ● — 了解服务 / 访问平台

② **蜻蜓点水** ● — 决定尝试 / 开始行动

③ **真实承诺** ● — 创造价值和内容 / 吸引他人参与 / 保持活跃和忠诚

12 INFLUENCE: AN INTRODUCTION
支撑最基本说服原则的理论

> 要有说服力，我们必须是可信的；要可信，我们必须是可靠的；要可靠，我们必须是诚实的。

爱德华·R.默罗，美国记者

如果你一直按顺序阅读本书，相信你已经充分掌握了塑造受众行为的心理因素，以及可以帮助你更具说服力地与受众沟通的策略。这是建立更有意义的互动的重要基础，但如果你真的希望看到结果，你还必须了解直接的、无意识影响力的心理学。

和任何环境下的说服一样，在线说服的目标应该是利用这些原则实现互惠互利。如果能够使你的企业目标与客户的目标匹配起来，你不仅会为相关各方创造一个更愉快的、没有冲突的体验，还可以更好地宣传自己的产品或服务，赢得信任；并且当你在前进道路上遇到不可避免的坎坷时，还可以获得他人的宽容。在本章中，我们将探讨一些支撑最基本的说服原则的理论，它们发挥作用的原因和方式，以及何时使用哪些原则。

以说服技巧塑造行动

说服通常被心理学家定义为"一个主体的态度和行为在一个特定方向上被另

一个主体采用非强迫的、有意改变的过程"。在网络环境下，这意味着你为了得到一个特定的结果，通过自己构建的关系和设计的环境塑造人们的行为。

说服技巧可以用来塑造各种象征性的和具体的行动，例如，鼓励人们购买或评价你的产品，成功地引导访问者订阅你的简报或下载你的 App。无论你的目标是什么，也不管他们是如何找到你的，从某种程度上讲，潜在客户都会不可避免地访问你的网站，并通过他们的发现决定是否采取下一步行动。

在登录时，潜在客户做的第一件事情是下意识地浏览网页，以便判断你的网站类型并确定该如何与你进行互动。你可以设计网站登录页，以便潜在用户只能执行某些预设行动（记住有关召唤行动的章节内容），这样才能创造出一种更流畅、更直观的、最终带来益处的体验。

五个促使人们遵从的原则

与服从（对权威的反应）或从众（按照社会规范行事）不同的是，在社会心理学中，遵从是指对请求勉强接受的行为。无论这个请求是明确的（直接说明的）还是含蓄的（微妙暗示的），都有很多方法借助遵从影响人们的行为。

破坏，然后重构

"破坏，然后重构"是一个最有趣、有效和值得探究的遵从技巧。该过程通过有意重构一个请求，使得潜在接受者产生困惑，从而降低对影响力的抵触。

例如，在一项由心理学家戴维斯（Davis）和诺尔斯（Knowles）开展的研究中，他们试图以每张三美元的价格挨家挨户推销节日贺卡。为了测试哪种元素（或元素的组合）最具说服力，他们为自己的销售说辞引入了一种破坏性要素，告诉人们这种贺卡价值"300 美分"而不是说成三美元。除了这一简单的破坏性条件，他们还测试了第二变量，包括这种贺卡是"便宜货"。

实验产生了颇为有趣的结果。只有在人们接受了破坏后再重构的销售说辞后，这一方法才会有效果。通过使用非常规的说辞包装他们的请求，如"300 美分……就是三美元。它是个便宜货"，心理学家破坏了被试的自然思考过程，即"我是被请求的"，从而降低了他们对这种说服策略的抵触。借助让被试放松警惕的手段，这种简单的技巧最终显著提高了遵从程度，进而提升了销量。当然，在真实的生活场景中，如果信息的突然改变适合你的品牌，并且客户经过一个冷静期后对自己的购买行为感到满意，这种技巧才能长期使用。

以退为进

说到打动客户，销售人员非常清楚，成功的关键往往在于最初请求的表达方式和内容。1975 年，西奥迪尼及其同事提出了"以退为进"的技巧。该技巧涉及的是做出一个非常令人讨厌并足以招致接受者断然拒绝的请求。

虽然该技巧似乎是违反直觉的，但当销售人员在提出最初请求之后再抛出一个更小、更吸引人的请求，此时客户就很容易应允下来。无论是因为客户对拒绝两次感到内疚，还是因为他们觉得必须做出相应的让步，以响应销售人员较小的请求，抑或是因为他们担心如果拒绝太多次自己就会被严重误解（自我呈现理论），这都是一个强大的技巧，只要正确使用，就会非常有效。然而，它也有可能给人留下坏印象，而且如果你做错了，并提出了荒谬透顶的请求，你就会有被完全拒绝的风险。

奉承

无论是确保得到父母的认可，请朋友帮忙，还是处对象，我们在生活中总会遇到某种情况，即我们都会千方百计地让自己更有吸引力或看上去更讨人喜欢，从而获得某人的遵从。从恭维、眨眼睛到以一种讨好目标的方式展示自己，奉承是我们成长过程中需要学习的基本说服技巧之一。

奉承某人最敏感、最有效的方式之一就是记住他们的名字，这听起来可能没有什么。在交谈或采用电子邮件交流时，一个简单的举动，如记住一个人的兴趣爱好（他们最喜欢的食物或爱好），可以让接受者产生特别的感觉，而且你越细心，影响越大。

通常，被奉承的人（你的客户）认为奉承者（你或你的品牌）是比其他围观者更积极关注自己的人，这在很大程度上是因为我们都喜欢偷偷地自我吹捧，所以会将这些恭维话理解为诚恳的话。结果就是，由于你的客户先感受到了恭维，所以他们更有可能依从你可能提出的任何后续请求。

尚不清楚这种影响是归因于一种蒙受恩惠的感觉（被奉承者觉得有义务回报）还是与奉承者更强烈的亲近感，但结果是它往往很有效。我看到了这种策略在网上的各种变体，都被运用得非常好，特别是当请求（或意图）显然是半开玩笑时。例如，一则弹出式广告上是这样写的："只有最聪明的人才会买我们的……这是送给你的伙伴的九折优惠券。"

固有的兴趣度

不管处在什么环境下，我们通常都具有以最有益、最有效的方式实现我们的目标的动力，这就是为什么我们对请求的响应通常源自我们对请求的感受。例如，一个心理学家团队发现，当涉及依从公共请求（例如，被要求为学校组织的抽奖销售活动捐出一笔奖金）时，我们往往为了避免产生恐惧感和羞耻感而采取行动。然而，当私下里响应一次善行时，我们或许是为了减轻罪恶感和内疚感而采取行动。

就正面激励而言，我们更倾向于依从我们感兴趣的请求。我们在执行令人兴奋或感到刺激的任务（例如，比赛、竞赛或沉浸式体验）时获得的乐趣通常非常有益于提高遵从度。

此类行动一个很好的例子是耐克组织的"我们拥有夜晚（We Own The Night）"——一次节日风格般的万米女子长跑活动，旨在鼓励女性在晚上集体跑步并回归街道。通过创建一个具有高度社会性、内在回报性和文化影响力的活动，耐克能够在这一过程中吸引大量此前尚未开发的新客户群体（并向他们销售产品），引发社会关注以及与品牌积极的情感联系。

享乐价值

享乐动机与固有的兴趣度相关，也是我最喜欢的原则之一。享乐主义（hedonism）源自希腊语，寓意"甜蜜"。我们通常将享乐主义视为对快乐和感官放纵无节制的追求。然而，从心理学角度来说，享乐体验与传统的动机原则是有关系的，即我们倾向于贴近快乐，避免痛苦。

在网络上，正是这种深层的激励力量将顾客推到一个甜蜜点上，这个点既包含他们的购买欲望，也包含商家的销售欲望。当这两个愿望匹配在一起时，遵从的极乐状态便随之而来。一次购物体验的享乐价值取决于你从中获得的情感上和感官价值，这意味着越是令人愉快的、兴奋的、感官上愉悦的体验，越有可能把客户变成真正的购买者。从电子商务的角度来看，这意味着一个交互界面的设计宗旨应当是从功能层面一直到美学层面都要刻意增加参与、互动和趣味性。那么你该如何增加界面的享乐价值呢？

这样说吧，当我们在网上购物时，大体上获得两种类型的利益：功利性的（认知）和情感性的（情感）。功利性利益包括省钱、便利、丰富的产品信息和广泛的产品供应。另一方面，情感利益包括享乐购物动机的六个关键维度：满足、角色、社交、价值、观念和冒险。

满足是指我们购物是为了缓解压力、缓和糟糕情绪或仅仅为了善待自己；角色是我们在为别人购物时体验到的乐趣，以及这种乐趣对我们的情绪的影响（当你发现精美礼物时产生的兴奋感）；社交动机是指与朋友或家人分享购物的乐趣；

价值与达成一笔好交易以及费尽周折完成某个对你至关重要的销售项目时产生的快感有关；观念是指紧跟新的趋势、创新和产品；冒险是第六个也是最后一个动机，是指为了刺激和兴奋以及置身于另一个世界的感觉而购物。

Etsy.com 是我最喜欢的网站之一，它包含这六个我最喜欢的动机。该网站界面设计精美，每次登录都会看到最近浏览过的商品以及若干个性化购物建议，总是让我心情舒畅（满足）。丰富的产品类别使其成为一个可以为他人购买礼物的有趣而独特的地方（角色），而产品形象也很容易激发我们在社交网站交流的欲望（社交）。如果我想在某个特定的利基产品中看到什么新鲜元素，那它是我最想去的地方之一（观念）；而当我希望置身于一个充满珠宝首饰和时装的梦幻世界时，它又是我挥洒邪恶快感的地方（冒险）。

▶ 可采取策略

说服的技巧

- **公平交换**。利用互惠原则确保公平的价值交换。请求留下访问者的姓名和电子邮箱地址，回报以可以使用有价值的内容、免费送货或折扣，这通常会被视为公平交易。

- **破坏，然后重构**。你怎样才能破坏访问者的预期并重构为一般请求，从而使它们更奇特、更有吸引力并且不存在敌意呢？对比一下你的网站和竞争对手的网站，确认正常的销售说辞（例如，"现在试试看，每月只需 4.99 英镑！"），然后设计几种重构方法并分别测试。

- **以退为进**。这一技巧并不适合所有的人，如果你觉得它可以为你所用，可以想办法先提出使访问者极为反感的请求，而第二个请求与之相比让人感觉是一种让步（例如，"把你的房子、车子给我们并让你的灵魂归顺我们吧！不给？好吧，也许我们只需要你的邮箱……"）。

- **小小的恭维**。如果你的品牌形象有一个更轻松、更好玩的定位，那么这一条便很有用。列出一份你认为目标客户心目中最令人期待的品质清单（如一个高 IQ 值），并利用这些品质编制可供选择的行动召唤，然后你可以做分离测试，以便找到最有效的行动召唤（例如，"你这么聪明，真应该加入门萨俱乐部。订阅我们的简报，拥有聪明的头脑吧！"）。

- **兴趣度**。你如何让每一个客户接触点都获得内在奖励？无论你是关注社交渠道、市场营销内容、用户体验，还是具体事件，如果你能让这些互动更刺激、更令人兴奋并带来情感上的奖励，你将看到参与和遵从度会得到提升。
- **享乐主义**。通过设计满足六种享乐购物动机的购物体验来激发访问者的愉悦感。你提供的体验应当是：让他们感觉良好，帮助他们选择最棒的礼物，提供社交分享的方式，提供划算的交易带来的刺激，给他们带来最新的趋势，并提供使他们置身于另一个世界的兴奋感。

13 PRINCIPLES OF ONLINE PERSUASION
交互界面说服的九项原则

> 现代生活日益加快的节奏和信息碎片化会令这种特殊形式的、不假思索的遵从在未来越来越流行。

罗伯特·西奥迪尼，社会心理学家

作为复杂的哺乳动物，我们已能够做到合理分配我们的注意力，这样在任何特定时刻，我们都能聚焦对我们来说最重要的信息。就在此时此刻，当你读到这段话的时候，你可能会模糊地意识到你周边的环境，意识到你眼前的这些文字以及提醒自己一个事实：我正在从一本纸书上或一个屏幕上阅读这段文字。然而，当你阅读时，你不可能同时思考呼吸的频率或眼球运动。这是因为我们的大部分行为都是无意识的——我们忽略了我们收到的绝大多数感官输入并处于"自动驾驶"状态，以至于我们甚至没有意识到我们正在做什么。

在这个日益复杂、快节奏的世界里，我们常常依靠启发法（认知捷径）帮助我们做出决策，并有效地解决遇到的问题。但某些情形下，这种方法会给我们带来麻烦。

以行为定式为例。一个孩子只有学会了如何打开一扇门，才能将这一动作套用到所有门上。通过学习一个单一的、标准化的动作，他随后具备了应对所有开门场景的能力，并且只有在面对意想不到的变量时才会遇到问题（只能滑动打开的门）。我们也利用这样的经验法则做财务决策，帮助我们认识价值［"价格–价值启发法原则（price-value heuristic）"］，有一句俗语用在这里很贴切："一分钱一分货。"随着时间的推移，无论处在哪个领域，我们都会根据以往的经验建立起一套关于这个世界的普遍规则，直到它们成为无意识执行的规则。

例如，一个朋友曾经给我讲过她认识的一位艺术家的故事，那位女艺术家的作品很多，但似乎都卖不出去。她的画作颇具视觉冲击力，技法娴熟，而且很多从她家画店前经过的人都会被吸引住，但没人买它们，她不明白这是为什么。她对此很恼火，便请来了一位成功的市场顾问帮忙。这个顾问建议她每周给自己的画作价格加上一两个零，看看会出现什么效果。艺术家勉强同意了，而她的画此后也开始热卖。

为什么呢？这位艺术家在以自认为公平的价格出售她的作品时，无意中把顾客吓跑了——他们认为价格不可能那么便宜，既然便宜就说明质量低劣。然而，在这个更高的新价格点上，潜在客户会下意识地将成本解释为卓越价值的体现，他们愿意为此支付原价两倍或三倍的价格。

这是一个很棒的例子：价格–价值启发法发挥作用了，而且颇为有趣的是，为了让这种方法发挥作用，产品或服务不必拥有特别高的质量。也就是说，问题往往在于这样一个事实，即现有的市场价格并不能反映产品的价值。人们为了促进销售有时会给商品定出畸高的价格，但从长远来看，如果你利用这一策略过分高估低质量的产品，几乎总会带来适得其反的结果。

很多企业为了找到合适的市场都会提高（或降低）自己的价格，但这种做法的前景并不明朗。当涉及软件即服务（SaaS）产品时，这一点表现得尤其明显，因为在这种情况下，潜在客户很难用金钱来衡量价值。提供免费试用是解决这个问题的方法之一，这样的话，人们便可以在委托服务前体验到这种服务的价值。但市场上有这么多的竞争对手都在为争取客户的时间和注意力而努力，你如何让人们尽早用上你的产品，从而让他们在试用结束前就看到价值呢？

有一家公司在这一方面做得非常好，它就是 Freshbooks，这是一家提供自动开票服务的公司，客户可以在 30 天内免费试用该公司的优质产品。一旦潜在客户签署了试用协议，FreshBooks 便会发动极为有效的魅力攻势（友情提醒邮件、实用小贴士、在线客服），使新客户没有选择，只能在试用期一开始就积极地与产品展开互动。当然，这意味着他们有更长的时间充分体验所有的好处，所以当试用期结束时，他们更有可能了解到这项服务的价值。现在，如果客户想保留他们依赖的所有功能，就必须升级到付费账号，以避免失去所有的好处（完美使用了损失厌恶，我们将很快介绍这个概念）。

▶ 可采取策略

价格适当

- **不要廉价销售**。如果你提供的是高品质的产品或服务，就应该认真考虑定价结构，因为这将影响客户对价值的感知。如果不确定你的定价空间，请调查竞争对手如何给同类产品定价。另外，谨慎制定时间表，按照一定顺序尝试一种特定产品的价格，以便直接监控定价对产品销量的影响。

- **脱颖而出**。人们常常认为，通过降价销售，他们将获得最大的客户份额，超越竞争对手，但这种做法并非总是有用的。一个聪明的解决方案是为你的产品或服务增加实际价值（提供竞争对手无法提供的东西）并在价格中反映出来。

- **先试后买**。如果你认为你低估了自己的服务但又感觉马上提价不妥，可以尝试在更高的价格点上提供 30 天免费试用，包括各种额外卖点，以便让人们亲身体验到你的全面服务。如果你成功吸引了他们，而且他们也喜欢使用你的产品，在试用期结束的时候，你可以提供"继续"或"升级"两个简单选项。已投入的时间和精力这些沉没成本（已经得到某些有价值的回报）有助于提高你的转化率。

互惠原则

我们是人类，因为我们的祖先学会了在一个令人尊重的义务网络中分享他们的食物和技能。

理查德·李基，古人类学家

互惠原则代表了一种我们觉得有义务给予、接受和回报的合作形式，是被利益相关者视为某种有价值的东西的社会交换——可以是物质商品、协助、服务、建议、联系、帮助和机会。从本质上讲，我们天生就会以同样的方式回敬那些给予我们东西的人，所以互惠原则可以成为一个有效的影响策略，而且比那些仅仅基于简单奖励的策略更强大。

那么互惠源自何方呢？心理学家们指出，这一原则依赖于普遍共有的、强烈的对未来义务的感觉，其中交换的成功取决于你相信一点，即你付出的东西在将来会被以某种等价或更高价值的东西偿还给你。这也许是一种人们几乎总在努力偿还的债务形式——即使偿还预期是心照不宣的、模糊的或不明确的，也是如此。

你甚至不必为了让互惠原则发挥作用而无私付出——事实上，即使利益相关者都在设法获得自己的最佳利益，互惠体系也能长盛不衰。你只需举一个送礼的例子，便能看到互惠原则在起作用：当我们收到一份礼物时，不管多小，甚至在对方未提要求的情况下，我们通常都会以同样的方式做出回应（如果我们不这样做就会产生可怕的罪恶感）。为什么会这样？因为我们总觉得不得不这样做。尽管这种感觉是微妙的或根本不存在，但是我们知道，打破这种潜规则显然不太好，因此互惠原则对于我们的社交成功是至关重要的。

如果你在我们祖先所处的环境下考虑互惠原则，那么通过这种方式分享他们的知识、工具和帮助，每个人的生存机会会大大提升。从进化的角度看，有人认为这条原则为人类文化和社会的成功与传播奠定了基础。

如何发挥作用

鉴于社会倾向于回避和排斥违反这一原则的人，公平地说，在大多数情况下，你可以期待互惠原则发挥作用。这个原则很容易实施，只需送给目标接受者一个礼物即可。当然，我们都知道，虽然最轻微的礼物也可以调动这一原则，但诚信最重要，这就是为什么当你的客户收到他们真正看重的东西时，该原则带来的效果最佳。

▶ 可采取策略

礼尚往来

- **给客户带来惊喜**。在与客户面对面沟通，或在实时网络研讨会或线下会议期间，这种方法往往效果最好。如果你能为客户提供一份免费礼物给他们带来惊喜，然后提出一个他们并不期待（而且立刻无视你的馈赠）的请求，这种方法会提升他们的遵从度。

- **提供高价值的内容**。通过向潜在客户提供免费的、有价值的内容（如操作视频演示、专家访谈、有深度的学术文章或有用的信息），你可以发起一次高价值的互惠交换。尽管这些交换可能需要一段时间才能巩固下来，但毫无疑问，你的行动会让你在所在领域树立起可信的、宽厚的权威形象，当你的客户需要特定的专业知识时，你可以做到游刃有余，应对自如。

- **组织免费的网络研讨会**。邀请人们在这个更具个性化的环境中与你互动，这样你可以创造机会向热情的观众推销你的产品或服务。通常在网络研讨会期间，而且是在会议高潮之前，这种方法的效果最好（即"在我们展示如何做 X 之前，我们愿意为您提供一个一次性打折购买 Y 的机会"）。

- **发放免费的电子书或白皮书**。自从本书的第一版出版以来，很多人都来索取它的免费电子书或白皮书，说明这种方法还是有效的（这就是那么多人这样做的原因）。不过，需要记住的是，下载、共享和引用最多的内容应该具有重大的和深刻的洞察力，而且人们无法从其他地方获取这些内容（例如，PageFair 的年度《广告拦截报告》）。如果你能找到一个独特的视角、一项研究或原创内容并提供给你的客户，这种方法可能值得一试。

- **为订阅者提供特殊利益**。如果想提出更多的要求，你可以为专业级订阅者保留若干内容。通过建立一个分层互惠体系，你可以区分不同的价值水平。给那些非订阅者一些免费内容，可以鼓励他们签署协议（互惠行动），而且一旦他们加入进来，事实上将有权获得更多的资源，这将增加活力，鼓励建立持续性的关系。

- **妥协**。相互妥协可以为建立互惠体系提供一种强有力的手段。向客户表明你愿意接纳他们，这样他们更有可能对你产生好感，从而达成互利的结果（这在谈判过程中尤其有用）。

- **做出让步**。接着前一点讲，当对方看到我们做出让步时，会产生受惠的感觉并觉得有义务投桃报李。如果你想以一个特定的价格卖出一件商品，那就提出一个高出你的要价的价格（所谓"锚定"），并在可以接受的水平上做出让步。一般来讲，你在经济上的让步将会换来一份订单。

- **拒绝和退避**。这种做法也建立在让步原则的基础之上，我们在第 12 章探讨过这一策略（以退为进技巧）。当在谈话中使用它时，当你要求一位客户采取一项他们认为代价高昂的行动时（例如，为了你支持的一项事业提供客户反馈意见或贡献时间或金钱），这种方法可能会有良好的效果。为了利用这个原则，你首先必须向人们提出一个他们可能会拒绝的大请求，例如，"你愿意为我们的客座编辑专栏写十篇文章吗？"一旦这个请求被拒绝，你就要放弃，并提出你真正的请求："好吧，也许你可以只为我们网站写一篇文章？"把第二个请求看作妥协，你更有可能得到积极的回应。

一致性原则

心理学家早就认识到，人类有提高自我感知能力的动机，大量研究表明，我们需要一致性，即我们想以一种与我们过去的行为、承诺、信念和自我形象相一致的方式行动。

它的非凡之处在于我们为了保持一致性而向前延伸的那段距离。在由瑞典隆德大学彼得·约翰逊（Petter Johansson）教授所做的一项不同寻常的研究中，研究人员向参与者展示了以两张照片为一组的各种女性照片，并指示他们在每组照片中选择一张最迷人的照片。他们接下来被要求描述自己为什么这样选择，但他们并未意识到在某些组别中，研究人员已经偷偷地把他们首选的照片换成了他们放弃的照片。然而，当被要求描述他们为什么选择那张照片时，不仅大多数参与者没有注意到照片已经变了（变化盲视），而且针对并未选择的那张照片给出了选择的理由（选择盲视）。

这项违反直觉且多少令人不安的研究指向一个令人不快的事实：当面临一个选择时，不管是被操纵的还是真实的，我们都会编故事并选择事实以匹配我们所做的决定，以便像事后诸葛亮一样合理化我们的行为。这种选择性寻找事实的行为便是著名的"证实偏见"，在抽象领域（例如，我们的意见、观点和信念）表现得尤为突出，这便是它能通过情感诉求而非理性诉求有效地说服人们的原因。

尽管我们对一致性的偏爱程度不同，但以上研究结果表明了，在涉及遵从时，尤其是当个人有追求一致性（一项因人而异的品质）的强烈动机时，如何有效地运用这一原则。

得寸进尺

如果你有市场营销的背景，无疑就会熟悉这项技巧，它是本书介绍的最古老的技巧之一。"得寸进尺"这一技巧最开始是要求人们遵从某个不太可能拒绝的小小的请求（例如，每月向儿童慈善机构捐款 2 英镑）。一旦个体同意了这一初步请求，你便可以向他们提出第二个更大的请求（在本案例中，要求他们将捐款额增加到每月 5 英镑）。

这项技巧的非凡效力源于一个事实：我们有保持积极的、始终如一的自我概念的深层次欲望。当决定行善时，我们潜意识里会将这种特质当作自我认同感的一部分，所以之后如果不提高自己的捐款额，就会觉得好像自己已经违背了"我们是谁"的核心意义。

因此，让人们提供客户反馈、评论或对社交内容的响应，可能会非常有效——一旦他们采取了某个行动并因此被标记为社区的活跃成员，他们便更有可能在将来采取与此身份相一致的行动。

▶ 可采取策略

保持一致

- **确定有用的客户特质。**确定你希望访问者采取的一些关键行动（例如，把你推荐给他们的朋友或提供客户反馈），并考虑哪些特质有助于激发这些行动（例如，引导你的客户把自己看作时尚潮人或产品专家）。
- **设计一个两步走的策略。**一旦确定了这些关键特质，你就可以设计出一个两步走的"得寸进尺"策略，以激活客户适当的自我概念。例如，如果你是当地一家颇受欢迎的小型啤酒厂，而且你认为公司可以使用一些口碑营销手段，那么可以让客户提供高质量的客户评价、评论或用户生成内容。如果你希望客户内化的适当特质是"专家"，那么你的两步走策略可能会是这样：

1. 请客户行使他们的专家意见，完成一份快速问卷调查（在这个请求中，你的措辞至关重要——在这种情况下，目标词是"专家"）。给他们发一封电子邮件，感谢他们提供的宝贵的反馈意见。
2. 一个星期后，请这些客户提交一份更详细的评价或专家评议，并首先感谢他们以前所做的专家级贡献。

听上去好像有些啰唆，但向客户灌输并强化他们是微酿啤酒领域专家的感觉，他们更可能利用这种特质下意识地采取未来的行动，也包括把自己的专家见解告诉朋友。

做出承诺

我们不仅努力保持内在一致性，也有动机按照我们过去的承诺行事——当主动做出承诺时更是如此。这一点在以下研究中得到了很好的阐释——心理学家们询问两组大学生是否愿意参与一个艾滋病宣传项目。为了表明支持的态度，第一组大学生被要求主动勾选两项活动，而第二组大学生则可以不勾选任何活动，但也要支持这个项目。在所有参加宣传项目的学生中，那些积极选择加入的学生与那些消极的同学相比，不仅更有可能志愿出席活动（甚至在调查结束六周后依然热情不减），也更有可能把他们的决定归因于他们的内在特质和态度。

公开承诺

也有证据表明，较之那些私下里的承诺，公开的承诺更可以持久有效地保证遵从。

假设你在打折销售期间走进一家电器商店，你想买一台冰箱。一个销售员走过来问你是否需要帮助。她注意到你犹豫不决，便选择了系列产品中的一款高档冰箱，并给你报出了难以置信的好价钱。你急于达成交易，在和她交流了一会儿后便早早地认定，这笔买卖很划算，只有傻子才会让机会错过。店员去取所有需要你签字的相关表格，并让你再考虑一下自己的决定。当你站在那儿凝视了一番那些令人惊艳的产品特点和超低价格之后，你终于确认了购买意向，发现这确实是一台值得抢购的冰箱。

当她拿来准备让你签字的票据时，才告诉你内部托盘和智能恒温器是额外的组件，你必须另外支付。噢，对了，如果你希望冰箱具有除冰功能的话，那也要额外收费。你站在商店里，手里拿着笔，你已经公开承诺要买这台冰箱了，想一走了之又觉得太难为情，只得不情愿地在虚线上签了字——为这个优惠你付出了巨大的额外费用。

这个策略也被称为低球技巧[①]，它成功的秘密在于承诺是公开做出的。然而有必要指出的是，身处集体主义文化的人更看重相互依存，而非个体的自我概念（以及对相关目标的追求），所以相比个人主义的邻居，他们不太可能接受此类技巧。所以，无论采用什么原则，你都必须在每个独立的目标人群背景下测试其有效性（那些适合法国客户的原则用在印度客户身上可能会适得其反）。

▶ 可采取策略

请求承诺

- **公开承诺**。如果你正在销售产品或服务，而且你正在发布测试版或提供免费试用期，那么无论通过关注、分享，还是发帖的方式，都请你的客户在社交媒体上公开向你承诺。
- **强大的同侪压力**。如果你的产品是一款 App，你也可以鼓励用户与群体内的其他用户进行比较，以此激励他们完成一系列任务。关于这个策略有一个很棒的例子，这就是一款名为"Headspace"的冥想 App 的"伙伴"环节。你可以邀请朋友参与，相互追踪和鼓励，以便共同进步，并在此过程中解锁徽章。
- **奖励积极的参与者**。你可以进一步在品牌官方渠道上开展竞赛，展示并公开奖励最佳参赛者，以此鼓励人们发布用户生成内容（关于该策略的更多信息，请参考第 10 章中有关社交媒体的内容）。

[①] 低球技巧（low-ball technique）是指先提出一个小请求，等他人接受后马上提出一个会让他人付出更大代价的请求。——译者注

社会认同与从众

通俗地讲，社会认同又称"群居本能"，是指我们改变自己的行为以符合群体规范的现象。它是一种影响大规模人群的强大方式，所以，在世界上许多最成功的狂热教派和宗教组织内都有迹可循。

早在 20 世纪 50 年代，多伊奇（Deutsch）和杰勒德（Gerard）两位心理学家便提出，从众源自两种不同类型的动机。第一种是信息从众（Informational conformity），指我们人类想要按照对现实准确的感知"正确"行事。第二种类型是规范从众，指我们希望从周围获得社会认可和接受。这两个目标都服务于另一个更深层次的驱动力：保护自尊和维持自我概念的冲动。

这种自我概念意识也可以激励我们有意识地选择自己想要归属的群体（以及由此产生的社会规范）。在这种情况下，遵从群体规范可能是一个理性过程的结果，这个过程与你的认同感有关。例如，如果你认为自己对大自然特别感兴趣，而且你碰巧是《国家地理》杂志的热心读者，那么你不仅会享受与有相同价值观的其他读者在一起时产生的联结感，也很享受这种圈内关系赋予你的知识上的联系。

在日常生活中，我们经常从他人那里寻找线索，据此采取行动，这有可能导致无意识地遵从专家或权威人士的意见（即所谓的"启发式判断"）。当我们遇到危机或陷入模棱两可的境地时，这种影响尤其明显，但如果碰巧我们付出了情感，它的效果就会大打折扣。在这种情况下，我们通常会密切关注所接收信息的实际内容，从而用受控反应取代启发式判断。

除了从权威人士那里寻找如何行事的提示之外，我们还依赖同辈群体和所属文化的社会规范告知我们应如何理解社会状况并做出反应。例如，我们对他人信念的反应，往往取决于我们认为这个信念实际被接受的广泛程度。你或许已经看到这一原则在社交媒体上发挥着作用——处在更广泛群体内的某个个体的观点与集体的观点存在强烈冲突。在这种情况下，只要持不同意见者的自我概念没有立刻受到威胁，该个体就会将自己的反对信息减至最少，以避免受到群体的排斥。

如果他们无法充分控制不同的意见，那么群体内的其他成员（无论大小亲疏）可能会公开羞辱该个体使其就范。这一结果对于相关人士可能是灾难性的，不仅会导致疏远和羞耻感，还会导致自我审查。然而，如果持不同意见者的意见是基于一种根本性的、身份认知层面的且与群体特征格格不入的信念，他可能认为发表自己意见的社会成本是值得付出的代价。

值得注意的是，虽然一致性施加的压力足以迫使成员公开接受该群体的社会规范，但这些规范可能不能反映出该个体的意见（可能持不同的意见）。事实是，在大多数情况下，我们中的大多数人宁愿被一个群体接纳，也不愿意单打独斗，正是这种基本的归属感需要才使同辈压力如此有效。

早在 20 世纪 80 年代，为了深入探索和解释这一现象，心理学家比布·拉塔内（Bibb Latané）提出了社会影响理论。他指出我们遵守一个群体规范的可能性可能受到三个主要因素的影响：

- 该群体的力量；
- 它与我们实际接近的程度；
- 群体成员的数量。

较之弱小、缺乏实际接触（遥远）的小规模群体，强大、直接接触的庞大群体通常会对个体的从众程度影响更大。拉塔内的框架自发表以来，已经发展为动态社会影响理论（DSIT），并解释了我们"更容易受周围人的影响而非相距遥远的人的影响"，这一倾向会"导致在态度、价值观、习俗、身份认同和价值等层面出现可以解释为亚文化的本地舆论模式"。

虽然我们与他人在地理上的距离会影响我们在现实世界的信念和态度，但你会发现在社交网络的各个角落里都可以找到这种模式。那么我们更有理由确定约束和推动特定客户群的规范，并查明哪些群体会聚集在哪些社交渠道周围。

文化差异

归属感是一种强大的需要，而让我们与更广泛群体的社会规范保持一致，可以有效地满足这种需要。然而，当涉及从众时，并非所有的文化都是一样的。

我们之前提到过，当被要求遵守某个请求时，来自集体主义文化的人往往会更多地基于同辈的行为做决定，而那些来自个人主义盛行国家的人则不同。这些形成鲜明对比的行为可能源自不同的文化视角，而每一个视角都会影响我们如何将价值观整合到从众和不从众的概念之中。

例如，在个人主义文化里，我们通常把不从众当作一件好事，而且经常将独创性、独立与自由之类的积极特质联系起来。然而在东方文化里，从众更多地被称赞为一种积极的特质，因为它意味着和谐感和联结感。事实上，东方社会倾向于将任何偏离社会规范的事物看作离经叛道，人们可能会为了适应规范而走上极端。

正是这种顺应规范的冲动可能助长了集体主义文化国家快速增长的奢侈品需求。当然，还有其他因素在起作用（例如，超级富豪和中产阶级的崛起），但如果你的主流社会需要的是适应，那么你可能会节衣缩食并努力攀比。

有一个简单的实验充分展示了在动机层面这种引人注目的差异。来自集体主义文化和个人主义文化的参与者被要求从五支绿色和橙色的钢笔中选择一支作为礼物带回家。可供选择的颜色只有这两种，但它们在每个实验组别中的相对数量不一样，因为总共有五支钢笔，所以总会有一种颜色显得比另一种更普通些。

研究人员发现，与文化整合理论保持一致的是，东方的参与者始终偏爱"普通"的多数颜色的钢笔，而美国人则偏爱"不普通的少数"。这种对待共性态度的差异对网络世界具有重大启示，当你向多元化的全球受众销售产品时更是如此。

它为将交互界面、策略和内容本地化提供进一步支持，并强调准确的文化知识对企业成功有着举足轻重的作用。

转化

让某人从一个观点转变为另一个观点，这种能力是一种令人羡慕的技能。幸运的是，它是可以学习的。研究发现，对所在群体立场持温和反对态度的人很容易接受协商一致的立场。而且，他们倾向于以群体的规模来支持客观共识。这意味着当我们为了符合更广泛群体的立场而改变最初的、温和的反对立场时，我们相信这样做应归因于理性、合理的证据。

无所不在的五星评级系统便是从众发挥作用的一个范例。尽管轻触手指便一切尽在掌握之中，但当我们在网上购物（尤其是购买昂贵的电子产品）时，很多人还是会花几个小时的时间浏览评论网页以便决定买什么以及从哪里买等。

虽然有些人确实喜欢这种收集信息的行为，但很多人认为这是一种痛苦的体验。所以，当有人为我们提供了一个能为我们做这种苦差事的解决方案时，我们都会趋之若鹜。以亚马逊的评级和评论系统为例。客户评价不仅解决了很多人的研究需要（提供一站式定性和定量反馈信息），当我们最终决定购买带评论的商品时，他们还增加了我们的满足感。如果此类客户评价可以影响我们的购买意向，那么它们可能对销售产生什么影响呢？

好吧，这正是我的客户联合利华最近着手研究的问题，即跟踪评论对产品销量的影响。在过去六周内购买某一特定商品的顾客都收到了一封电子邮件，被问是否考虑对其进行评论。他们要么收到一封包含物质奖励的电子邮件（"您下次在本网店购物将优惠 50 英镑"），要么收到一封简单的产品品牌推广邮件，抑或是一封店铺品牌推广邮件（对照组）。结果很有启发性：顾客更愿意打开有物质奖励的邮件，点击评论页面，而且那些点击的客户中有高达 44% 的人实际上写了一条评论。就影响而言，其中一款产品此前仅有四条评论，而且营销活动前的评级只有

3 颗星，但在四个月的研究周期之后，最终积累了 25 条评论以及平均 4.5 颗星的星级，而且将该产品的销量实际提高了 87%。

启动效应

如果读过有关影响力话题的文章，你可能已经注意到一个颇为有趣的心理学原则——启动效应（Priming）。启动效应主要是发生在我们潜意识里的一种现象，属于内隐记忆效应（Implicit memory）的一种，即此前经受的一个刺激会影响我们之后对不同刺激的反应。例如，如果你在午夜看了一部特别可怕的恐怖片而不是一部浪漫电影，那么你更容易被咯吱咯吱的声音或突然发出的声响吓到。

这种影响通常是相当微妙的，曾经有一些有趣的研究探讨了其对购买行为的影响。例如，在一项实验中，在为期两周的时间里，研究人员在一家仓储式超市的显示器上每隔一日就播放带有明显法国和德国风格的音乐。他们发现，在此期间，当播放法国音乐的时候，超市里法国葡萄酒的销量超过德国葡萄酒的销量，反之亦然。然而，当研究人员发放顾客问卷调查表调查他们的葡萄酒选择过程时，结果表明顾客们完全不知道音乐对他们所做选择的影响。

在网络上，使用特殊的界面元素（例如，在结账页面设置"输入促销码"栏）可能在无意间启动了用户的一个期望（"在交互界面的某个地方肯定能找到促销码"），随后会出现一个可预测的行为（"我要在网上搜索一个小时直到找到所谓的促销码为止"）。尽管转到结账页面时没有促销码，也没有任何希望找到促销码，但受这种视觉启动效应的影响，顾客现在更有可能因寻找折扣而放弃结账。

尽管已经有大量关于启动效应影响的研究，但近年来很多原始研究因缺乏可复制性而遭到审查，而且丹尼尔·卡尼曼教授（他本人是"基本相信这一效应的人"）等著名心理学家也质疑了启动效应结果的稳定性，他们呼吁非常有必要改革研究方法以确保结果的可信度。虽然还要做一些工作，但启动效应仍不失为一个有极大吸引力的心理学效应，只要研究方法可靠，就可以提供有用的和实质性的结果。

无论你是想借助启动效应来激发行为和期望，以便将客户的需要和你的需要匹配起来，还是消除你所设计交互界面带有的偏见［混杂变量（Confounding variables）］，你都有必要弄清楚启动效应如何发挥作用，以便用它来支持你的目标，而不是损害目标。

▶ 可采取策略

整合与转化

- **文化整合**。为什么网络上的文化整合很重要？好吧，如果你的目标客户处在集体主义文化里，而你希望影响他们采取一个特别的行动，你的策略必须考虑当前的趋势和你的受众追随同辈引导的倾向。简单地说，问题在于要激活社会认同原则，就要有足够多的关键人物以某种方式行事。只要到达临界状态，转化便会发生。

- **星级评定**。针对客户最近一次的购买情况，给他发送一封友好的、个性化的、针对特定产品的邮件，鼓励他评价你的产品。这封邮件要提供一份参与奖励（"评价 × 有机会赢取一箱香槟酒"）。充分利用这次互动机会，感谢那些做出评价的人，并提供一些意想不到的正强化激励措施，例如，下次购物时给予15% 的折扣。

- **引导群体**。社会认同原则强调群体对个体的掌控力。如果你在各社区平台开通了你的品牌主页（例如，在 Facebook 上）或客户直接服务社交渠道（例如，一家公司拥有的 Twitter 或 Instagram 账号），你可能会见识到这一原则的使用效果：定期发帖的人通常会对来自群体外成员的不正常评论做出言辞激烈的反应。在大多数群体内，往往有几个关键成员对同辈而非其他人的影响更大，你可以利用你的优势，与这些关键人物进行更积极的互动，进而影响更广泛群体的感知和行为。

- **通过扩散产生影响**。除了关注关键的、明显有影响力的人之外，你也可以把你的信息投放到一个更为广泛的小规模的相关对话网络中进行传播。你可以搜索与你的核心命题相关的特定关键词，或者在你的社交内容中夹杂使用频率较低的术语，从而实现这一目标。例如，如果你正准备围绕气候话题开展营销活动，不妨寻找"关爱地球"或"可持续发展"之类的相关流行话题，然后加入对话。然而，由于此类术语经常出现在成熟社区的回音室里，所以你可能会白费功夫。相反，如果你能加入漫谈式对话中，使用较为冷僻的术语（如"养蜂"或"永续栽培"），可能会获得一个更大的辐射面，而你的信息将会传播至更广泛的潜在客户群体。

- **了解你的客户**。我们的动机是保持一个积极的自我概念，为了充分利用这一点，你可以认真观察客户自我审视的方式。你可以使用剑桥大学的偏好选择工具，或我在第 5 章提到的其他心理学服务项目，以便充分了解客户的驱动力、偏好和动机等信息。

- **转化中立者**。如果你现在已经拥有了一个忠实的客户群，你可以鼓励他们邀请中立者加入进来。通过提供会员权益和推荐朋友入会折扣（同时奖励推荐者和被推荐者）之类的奖励措施，你可以让各方行动起来，并让规范从众原则发挥神奇的作用。那些已在群体内但还未购买过你的产品或服务的潜在客户，更有可能跟随群体内其他成员的态度发生转化。因此，通过在现有客户中培养对你的品牌的积极态度，不管是凭借卓越的客户服务、令人愉快的用户体验，还是温情脉脉的社交互动，你都会创造出一个积极的品牌联想、口碑推荐和良好信誉的光环，它会帮助你的企业吸引到新客户。

- **引导时段**。虽然通过人们的设备给他们洗脑还不太可能，但你可以引导你的交互界面的访问者体验某种愉悦的状态，从而提高他们以积极的心态记住你的可能性。写下一组你认为充满褒义的词汇，如：快乐、美好、专家、积极、微笑、关系、支持、友好等。然后你可以把这些词用在你的标题、文字、产品描述、图片或视频中，以帮助设定品牌的情绪基调。

- **避免界面失配事件**。有必要快速核查一次交互界面和内容，以确认你不会在不经意间引导访问者遭遇意外的结果（如因寻找促销码而放弃购物车）。为了避免这种情况，找出任何潜在的故障点，然后分别测试它们是否会影响用户行为，并锁定任何负面影响。折扣问题有一个很好的解决方案，就是提供一个简单的文本链接（"促销码"），当你点击它时，只扩展为一个表单域。在结账时隐藏表单域，使其不那么明显（从而降低启动效应），但拥有促销码的人仍可以成功使用它（因为他们在有意识地寻找它）。

模仿

你见过第一次约会时就打情骂俏的情侣吗？如果看见过，你很可能会看到一些行为模仿的痕迹。当两个人关系密切时，他们往往会下意识地模仿对方的肢体语言、手势、面部表情，甚至声音特点。虽然这是一种自然现象，是自然而然发生的，但也可以有意识地用它来设计一种与刚认识的人之间的联结感。事实上，研究表明，如果有人不露声色地模仿我们的行为，会提升我们对那个人的亲近感。当你了解到优秀的销售人员都特别精通这个技能时，可能就不会感到奇怪了。

无论我们是否清醒地意识到这种镜像现象，当我们处在社交心态或社交环境时，它是最强烈的。这给了我们一个有趣的启示，我们可在社交媒体中使用这种模仿行为，也许有助于解释为什么以屏幕为媒介的面对面互动往往比缺乏互动的、基于文本的交流更强大和更有说服力。

事实上，邓巴教授（Dunbar）及其牛津大学的同事研究发现，媒体渠道实际上存在一个涉及满意度的层次结构。所以，现实世界里面对面的交谈胜过 Skype，而 Skype 又被认为比通过电话、文本、电子邮件和社交媒体平台发起的互动更令人满意，也就不足为怪了。

鉴于长期以来我们对社会关系情有独钟，所以以下这件事就非常有意义了：我们偏爱所有形式的能把我们与正在交往的人置于同一个物理空间的互动。在全息甲板成为现实（从记事起我便对此翘首以待）以前，没有哪一个替代品能够像这样实时地看到一个人、做出反应并与他一起开怀大笑。顺便说一句，邓巴和他的同事们还发现，人们认为包含笑脸符号（如表情符号或类似 LOL 这样的速记符号）的电子邮件比那些单调的邮件更让人感到亲切。这或许可以解释为什么互联网上充斥着 GIF 动画和表情符号——我们似乎无法抗拒各种情绪联系方式。

▶ 可采取策略

建立和谐的关系

- **带点儿幽默感**。当你与潜在客户互动时，带点儿幽默感会有很好的效果。根据环境的不同，你可以通过语言、表情符号或可怜巴巴的 GIF 表达某种情绪，进而创造出非常融洽的感觉。不过始终要注意不同文化规范和个体的敏感程度。
- **模仿你的受众**。如果你正在通过视频聊天与他人互动，你可以尝试悄悄模仿他们的手势、步调和语调，以及他们可能展示出的任何突出的面部表情。如果模仿让你感到不自在，那在平衡心态之前，先和朋友们联系一番是很有好处的。你最不想做的就是冒犯客户，如果模仿显得笨拙，会让他们以为你在嘲笑他们。
- **匹配**。如果你在使用一种单向的沟通媒介，你的客户只能看到你（如预先录制好的视频或网络研讨会），那么请先做好调查研究，要与任何他们可能表现出来的主要特点进行匹配。例如，如果你正在向一群高管发表演讲，那你可能希望模仿他们穿正装的意识，并使用适当的行话来建立更融洽的关系。

喜欢原则

我们都在某些时候经历过这样一种情况：有人请我们帮个忙。虽然我们可能不愿意承认，但事实上如果我们真的喜欢他们，我们就有可能伸出援手；所以如果你能给人一种温暖、信任的感觉并与客户建立起联系，他们会更愿意与你接触并帮助你。

这个听起来也许是一个简单的观察结果，在我们探究喜欢原则之前，让我们先看看喜欢这一情感是从哪里产生的。人类早已进化为社会动物，我们被人喜欢的欲望源于我们想与周围人建立起密切关系的深层动力，也正是这种欲望催生了如此之多的在线行为。社交平台之所以取得成功，是因为喜欢是发挥了作用的最重要的心理学原则之一（我们都希望获得被联结起来的感觉）。它也让那个命名恰如其分的"喜欢"按钮（借此与现实世界建立起强大的联系）充满迷人的魅力，而且它还是视频内容病毒式传播的关键原因之一（如果我们发现并分享一些有价值的、好玩的或令人兴奋的东西，我们的伙伴会更喜欢我们，而我们也将获得社会地位）。大多数时候，这些行为对我们来说是非常自然的，都是在无意识状态下被触发的，这说明喜欢有非常强大的力量。

当你获得来自别人的关注时，外表的吸引力可能起了重要作用。从进入酒吧的人可能被要求证明自己的年龄（魅力四射的人不太可能被要求出示证件），到你轮班时能拿到的小费数量（长得帅的人通常挣得多），人们很早就发现，外表可以影响到各种各样的事情。

然而在网络上仅有漂亮的脸蛋是不够的。我们通常与那些我们认为能折射出最好的自我的人交往，如果你能用你的内容表达出真实的、个人的和符合你身份的情感，你将更有可能赢得访问者的喜欢。

陌生人与吸引力法则

大多数企业的成功不仅仅取决于他们留住现有客户的能力，还取决于吸引新客户（他们中的许多人都不熟悉你的品牌）的能力，那么我们怎样才能利用这些心理学原则有效地吸引陌生人呢？

正如我们已经看到的，为了快速轻松地认识世界，我们依靠认知捷径来帮助我们做出决定。一般来讲，当涉及现有关系时，我们越喜欢某人，就越有可能希望帮助他们或遵从他们的请求。这种启发法在处理现有关系时效果很好，但颇为有趣的是，当我们面对一个陌生人的请求时，我们也可以使用这种方法。

当我们和从未谋面的人交流时，我们的潜意识会提取环境线索，激活启发法，告知我们如何对陌生人做出反应（把他们当作一个威胁、一个熟人，或当作一个亲切的朋友）。

在所有这些线索中，有一个最重要的线索是我们交流的方式。回想一下你上一次与朋友的谈话——你们是在谈论一个共同的话题，轮流说话，还是说互动完全是单向的呢？通常你会发现朋友间的谈话往往是双向的。然而，遇到陌生人，你更容易唱独角戏。

最有意思也是最简单的方法是，以再普通不过的对话邀请一个陌生人加入进来（例如，"嗨，你好？"），这样做可以充分创造和谐的氛围，当你日后提出任何请求的时候，他们更容易遵从你。即使在缺乏语言沟通的情况下，你只需要用一点点时间就能把自己介绍给他们，也可以显著提高一个人的遵从程度。需要明确的是，我不建议进行直白的交流，你要找到一种能让客户和你尽快熟悉起来的方式，以便让他们对你的品牌产生更正面的印象。这一原则被称为"单纯呈现效应（Mere exposure effect）"（我们之所以偏爱某些事物，仅仅是因为我们熟悉它们），也可以将其延伸至人与人之间的关系，以此增加自己的魅力。

这种效应也可以解释为什么适当使用视频和个性化内容可以提高现场的转化率。如果仅仅接触某人（或某物）就能增加自己的魅力，你当然可以利用这种效应扩大你的社交范围，从而尽可能吸引更多人的关注。

有很多种方法能帮助你做到这一点，但不管你决定使用哪个社交平台，要取得最好的结果，都要尽可能真诚地推销自己。这未必意味着你以面对朋友的方式和受众交流，但确实意味着以一种平易近人的、真诚的和充满个性的方式展示你自己（无论你是代表一个个体还是一个品牌都同样适用）。

这当然是与受到高度管制的企业（包括那些金融、医药和法律等行业的企业）

所青睐的某些更传统的做法背道而驰的。事实上，消费者越来越期望品牌（不管来自哪个行业）与其互动时，能普遍提供一种个性化（和个人的）服务，这意味着你的企业与客户的沟通方式越灵活，他们越能更积极地（和宽容地）认识你。

相似性原则

另一个可以提高遵从效果的因素是可感知的相似性。为了保险起见，我们除了利用外表的吸引力之外，通常也将这种启发法作为一种潜意识的替代品。我们越是觉得别人和自己相似，就越有可能遵从他们的请求。有趣的是，这样的相似性不需要达到特别深的程度便能产生效果——类似相同的化妆品、指纹类型或生日时间这样的情况都足以带来更深层次的遵从。

然而，如果你考虑在网上运用这一因素，有一点必须指出的是，大多数参与"喜欢"和"相似性"研究的通常都是女性。因此，正如一些研究所表明的，女性比男性更注重关系，如果你主要和女性受众打交道，你可以合理地预见这些技巧能为你带来更强烈的遵从程度。

▶ 可采取策略

相信我，我喜欢你

- **聊天的魅力**。如果你主动发起轻松的对话，陌生人更有可能遵从你的请求。在网络上，这通常是在活跃的社交媒体上实现的，当人们与交流时，你要亲自做出回应。你可以加入一些个性化举动（例如，在使用 Twitter 互动时，我总是尝试称呼对方的名字），显示你对那个人感兴趣，而且双方的关系从本质上讲是双向的。你的客户会提取这些线索，这将触发他们与朋友沟通时使用相同的启发程序，使他们更有可能遵从你的请求。

- **信任 + 价值 + 喜欢程度 = 转化率**。如果人们信任你，并想买你销售的产品，那你就真有必要让人们更喜欢你，以便促进积极的品牌联想和激发客户购买欲。要实现这一点，你可以帮助人们获得良好的自我感觉（对有助于你的品牌宣传的用户生成内容给予奖励，或转推一条善意的评论），以及利用各种出人意料的机会取悦现有客户（在你寄出的包裹上附一封手写感谢信），这样他们便有可能与他们的朋友分享这些体验。

- **相似性**。无论你的产品是什么，你都可以利用相似性原则帮助你和客户之间建立起融洽的关系，使客户更信任你。例如，如果你知道面向的人群主要是喜欢穿花格衬衫和喜欢 DIY 的年轻爸爸们，那么你就可以在使用的照片和视频中模仿他们可能拥有的鲜明着装特色和性格特质，将这一特点体现在你的交互界面的基调和内容上。

权威原则

个体经常因按照权威人士的意见、建议和指示采取行动而受到奖赏。

诺亚·戈尔茨坦与阿伦·瑞克曼，社会心理学家

正如我们已经看到的，拥有权威感（甚至只是权威的错觉）是一种可以让你的信息更具说服力的强大方法。如果我第一次看妇科医生（或者，如果你是一个男人，一个泌尿科医生为你做前列腺检查），他或她最好把所有相关证明都挂在墙上，否则我不会跨进检查室一步。我们不仅仅是在此类微妙的情形中寻求安慰。在日常生活中，无论是准备到一家新百货店逛一圈，还是决定买哪辆车，我们都会下意识地根据其他人（引申开来，其他企业）的权威水平寻找线索。无论环境如何，当第一次与一个未知品牌开展互动时，我们会利用我们所能找到的任何信息来确认他们的合法性。

软策略 VS 硬策略

当使用一个人的权威来影响他人时，人们使用的策略通常归为两大类：软策

略和硬策略。

软策略是那些在本质上属于启发性的或协商性质的策略。这类策略的力量在于影响者本人的特质和特征（如诚信、可信度和魅力）。如果有人为了让你做某件事而诉诸你的价值观、理想和抱负，他们就是试图利用软策略说服你。

启发性策略包括使用理性说服、个人的或启发性的诉求来引导对方遵从。在这种情况下，请求接收者往往会有一定的回旋余地以决定是否遵从。这是网上使用最为普遍的说服技巧之一，例如，为了鼓励捐赠（迎合你的价值观）而呼吁你的公正感的慈善网站，以及承诺实现你的毕生梦想（迎合你的愿望）的豪华汽车品牌。

协商性质的策略要求所有成员积极参与到一项特殊的任务中，其中可能包括设计一项活动、战略或一项需要得到群体支持和帮助的变革。它是通过在相关人员中灌输主人翁意识来发挥作用的，并可以成为鼓励在集体和个体层面开展协作和提高绩效的有效手段。

主人翁意识是使用软策略最大的好处之一，尤其是因为被要求遵从的人往往感到自己的贡献是有价值的。事实上，每一个主要的社交媒体平台都依赖这种方法，只有他们的成员愿意以一种社会协作的方式创建、分享内容并展开互动，他们才能取得成功。

硬策略和软策略完全是两码事。硬策略包括心理学家所说的"施压策略"或"合法策略"，它通过自信和力量获得遵从，有时会导致关系紧张或关系受损。硬策略发挥作用应归因于存在于影响者之外的社会结构（例如，你在机构内部的职位）。

典型的施压策略可能涉及需求、威胁、频繁检查或持续提醒之类的事情。在网络上，这是最受捣蛋鬼和那些被卷入公开羞辱的从众心理的人青睐的方法。它也是大多数设备上社交媒体通知设置的默认行为（就算是吧）。如果这样坚持下去不停地发出砰的声音，你会觉得有必要遵从并检查你的手机。

然而，合法策略稍有不同，原因是它们依靠一个社会群体的分层结构发挥作用。在这种情况下，如果提出请求的人处于权威地位（例如，一家机构的副总裁），那么他们的级别将给予他们合法权力去获得想要的东西（他们向你发出一个命令，你必须服从）。虽然这种方法依靠地位差距来发挥作用，但该技巧并不需要明显表现出来便可以生成结果。值得注意的是，虽然这种策略在管理环境中可能很有效，但它很难在网上获得成功，（我怀疑）原因在于等级制度的扁平化和对社会公平更高的期望。

从身穿白大褂、试图向我们推销"经科学证实"的美容产品的女人，到代言神奇减肥药的运动员，无论是线上还是线下，品牌都会使用各类权威人士迫使我们采取行动。虽然这些方法在执行力、真实性和基调上各不相同，但作为一项原则，权威可能是说服潜在顾客做出购买决定的一种非常有效的手段。

▶ 可采取策略

专家诉求

- **显示你的专业知识**。互联网上充斥着品质低劣的内容，在某种程度上可能归因于数量比质量更重要这样一种信念。如果你拥有小众化的专业知识或独特视角，并基于此阐释各种常识，你可以选择一两种媒体形式（视频、播客、长篇文章）来轻松表达你的想法。借助经过深思熟虑的、有价值的和真实的内容展示你的知识，你会给自己创造出最好的机会，以一种与众不同的声音站稳脚跟，并在此过程中将符合你的要求的人吸引到你的周围。

- **软策略**。如果你希望通过软策略在你的交互界面上推动特定的行动，可以使用理性说服策略向访问者展示你的产品或服务在哪些方面比竞争对手的好。在这种情况下，把令人信服的事实、统计数据和可信的第三方代言包括在内，将有助于鼓励潜在客户做出购买决定。

- **激励人们**。如果你被看作所在行业的思想领袖，你可以用启发性的诉求影响他人的行为。通过亲自要求人们采取行动来实现你的目的——通过社交渠道、个性化推广邮件，甚至是会议（无论是在主席台上还是在社交酒会当面说）。你也可以在你所有的登录页面尝试这种做法，在行动召唤旁还可以附上大头贴和个人签名。

- **提高你的个人魅力**。为了提高你的个人魅力，我建议为人们提供可能被认为具有启发性和权威性的高清晰、高价值的内容。其中一个最明显的例子是TED 演讲。你也可以写一本书，在著名播客或广播节目中担任嘉宾，或者现身受欢迎的电视频道，以扩大你的辐射范围（媒体代理可以帮你打理这类事情）。如果有从属于一个著名品牌的光环效应烘托，不仅有助于展示你的个性和专业知识，还将增强你的权威性。

稀缺性原则

游戏化购物体验类（从量贩折扣到限时抢购）网站的迅速崛起和激增，不仅反映了消费行为的一个更广泛的转变，还表明了我们对令人激动的、不可预知的新事物日益增加的欲望。

稀缺性作为一项策略，其有效性可以通过 20 世纪 70 年代三位心理学家所做的饼干罐实验得到最令人愉悦的证明。当时三位心理学家假装正在开展一次消费品调查。研究人员准备了两罐巧克力饼干，学生们可以从其中一罐中取饼干。第一个罐子里装得满满当当的，而第二个罐子里仅有可怜的几片。尽管饼干是完全相同的，但学生们都选择从几乎空空荡荡的第二个罐子里取饼干。他们报告称，这个罐子里的饼干比那个满罐子里的饼干更合心意、更美味，也更昂贵。一个如此简单的小道具就能让我们对一件产品的主观体验产生如此显著的影响，那么众多的企业利用稀缺性来促进他们的销售也就不足为奇了。

事实上，在各种可以用来刺激我们疯狂购物的技巧中，稀缺性是最受欢迎的。作为广告界长盛不衰的法宝，稀缺性历来就被用来驱动我们的欲望，夸大产品价值，并最终推动销售。在涉及新产品的技术和早期接纳问题时，稀缺性往往是个神奇的要素，它就像醉人的鸡尾酒，带给人兴奋和疯狂的期待，而且对于那些自命不凡的消费者特别有吸引力（你只需看看苹果的粉丝们便能体会到这种策略的影响力）。

无论你将这一原理应用到产品上（"限量版""售完为止""每个客人限购 5 件"）还是时间上（销售将在今天结束），稀缺性都是一种强大的方式，几乎在任何场景下都可以引发紧迫感，带动需求和增加销量。最佳案例当推 eBay。如果仔细观察，你会发现，最火爆的竞拍通常发生在具有最多"围观者"（高需求）和竞拍时间即将结束（时间的稀缺性）的个人物品（低库存）上。而在其他网站上，如时尚奢侈品店 Net-a-porter.com，稀缺性是由一个事实主动创造出来的：公司只有一定数量的存货，卖完就没了。

▶ 可采取策略

供应短缺

- **使用倒计时**。如果你正在为某款产品、某项活动门票或某项服务的特殊折扣做促销，你可以在交互界面上嵌入一个简单的倒计时器，以激发访问者的紧迫感。为了达到最佳效果，将申请限制在短时间内（24 小时至一周），并通过声明货源有限来增加这一原则的影响力。如果你在出售活动门票，可以使用一个分层系统（如"超级早鸟价""早鸟价"和"普通价"），与每个层次的倒计时挂钩，以便为每个临近的截止时间创造一种紧迫感。你还可以采用不可思议的限时销售，并给现有客户发送促销活动电子邮件，通知他们，该售价"24 小时内有效"。
- **限制库存**。我不提倡欺骗客户或故意造成库存管理不当，但标明商品存货不足（"速购！仅剩 3 件"）不失为鼓励人们在该商品缺货前下单的好办法。如果你卖的是限量版印刷品或类似产品，可以记录下还剩下多少件产品，并在已经卖完的品类旁增加"已售罄"标志，以显示消费者对其需求旺盛。

14 INCREASE YOUR SALES
有效提升销售策略

卖东西的最高境界是什么都不卖。你要做的是赢得那些潜在购买者的意识、尊重和信任。

兰德·菲什金，Moz 创始人

真实性

真实性绝不仅仅是一个商业行话。作为一个独特的卖点，真实性提升反映出驱动消费行为的潜在动机有了重大转变。我们不再仅仅以价格为先导，而是越来越多地基于品牌的真实性和可持续性做出购买决定。虽然我们可能认为这只是为富人提供的一种选择，但实际数据表明这种趋势是非常明显的。尼尔森的一份全球报告称，来自所有市场（包括发达国家和新兴市场）的消费者越来越青睐可持续产品，而不是更便宜、不太环保的同类产品，这一点与消费者的收入水平无关，也与一种商品的产品品类无关。

在调查列出的所有可持续性因素中，品牌信任被认为是最重要的，62% 的消费者认为这是他们决定购买的主导因素。当就这项发现接受采访时，卡罗尔·格什陶尔德（Carol Gstalder，尼尔森信誉与公关解决方案部高级副总裁）认为，这为不同规模的企业提供了一个"与占主导地位的、更具社会意识的、寻找符合自身价值观的产品的年轻消费者构建信任关系的机会"。此外，66% 的受访者表示，他们愿意为可持续产品支付溢价，其中 73% 的千禧世代（在本案例中指 20~34 岁年龄段）和 72% 的 Z 世代（20 岁以下的受访者）最愿意支付额外的费用。

这些数字每年都在全面增长；然而，越来越多的证据表明，只有一家公司的客户感知到该公司的企业社会责任（CSR）策略是真实的，这种策略才会影响到他们的行为。可以肯定地说，不管你对可持续性的兴趣是观念上的还是商业上的，现在都是考虑你的企业如何积累真实性以及获得更好表现的时候了。

真实性对高价值商品的购买过程也有明显的作用。从钻石到汽车，我们现在可以在网上买到各种高端商品。但奢侈品市场尤其容易受到假冒商品的影响，所以我们在此类交易中当然会更加谨慎地规避风险。有几种简单但有效的方法可以最大限度地降低客户所能感知的风险。类似权威的保真印章、第三方奖项、退款保证和客户评价这样的线索都可以提供可信度，另外产品评论也可以提供一些恰到好处的保证。

产品评论

然而，在涉及评论的质量时，并不是所有的评论都是公允的。在信息过载程度较高（基本上是你所能想到的任何电子商务网站）的情况下，我们通常依靠启发法来理解这些信息。以 eBay 为例，当一件产品的价格高时，我们会倾向于选择一个评论多（好坏均有）的供应商，多半是因为一个事实：我们把评论当成了合法性的证明。另一方面，对于较为廉价的产品，我们的风险意识往往较低，我们觉得不必依靠评论也能做出选择。

一项大规模研究发现，亚马逊网站上便存在类似的情况，它证实了销量增加和总评论数之间存在正相关关系，但与评论内容或对商品的满意程度无关（也就是说，一件拥有数百条评论的商品被感知到的满意程度高过只有 10 条评论的同款商品）。然而当涉及积极的星级评定时，星级本身似乎并没有带来销量的增加。相反，在这种情况下，影响转化率的是评论内容。这可能是因为我们对什么是五星级有不同的理解，而书面的、定性的评论内容比任何定量手段都可以提供更丰富的信息。

进一步而言，虽然星级本身看上去没产生什么影响，但星级波动却不然，这意味着事实上星级评定的价值是相对的，不是绝对的。负面评论对销量的影响通常比正面评论来得更强烈，我们也许发现这种洞察相当令人困惑，但最终都会回归到真实性和信任上——如果我们看到一件产品除了显示五星级之外没有收到任何评论，我们很可能会产生怀疑。

那么既可以表达一种商品的价值又能展示其真实性的最佳星级是多少呢？在联合利华开展的另一项研究中，他们发现这种经过长时间测试获得的星级评定只有达到 3.9 分及以上才会对销量产生积极的影响。事实上，3.8 分及以下星级产品的转化率比根本没有星级产品的转化率还低，所以如果那些特殊商品的星级低于这个分值，删除它们的星级反而效果更好。

似乎这还不够复杂，研究发现，在浏览产品时，评论者的特点也会影响消费行为，通常比评论内容本身对购买意向的影响还要大。个人信息（包括评论者的姓名、照片、性别、住址和兴趣）可能有助于引导客户做出购买决定，而且如你所料，他们越认同评论者，就越有可能购买相关产品。这意味着，如果你准备用某种产品和相同的评论分离测试一个网页，其中变量一为与你客户相似之人的资料，变量二为与你客户不相似之人的资料，你可以合理地期望通过变量一推动销量增加。

不仅如此，如果评论是正面的，而且语言风格也匹配客户对该产品类别的期望，那么评论的语言特征（如语气和俚语的使用）实际上可以提高转化率。例如，如果某人对一本心理学书籍的评论中出现了"认知偏差""卡尼曼"和"心理统计学"之类的字眼，那么人们可能会更加严肃地看待他的评论。

引人注目的是，一个人写评论的意图也会受到他的人格的影响。有高度责任性的人通常更有合作精神、上进心，认为成就至上，因此更有可能积极地贡献评论内容。另一方面，那些在情绪稳定性方面得分低的人，尤其在系统复杂的情况下，更有可能选择不写评论。考虑到产品评论通常会增加销量，如果你希望客户留下他们的反馈意见，可以考虑通过协作来架构信息，进而鼓励尽责的人贡献评论内容。

价格适当

无论你想买一把古典吉他、点一份外卖，或者送花给妈妈，你都可能通过上网来满足你的需要。类似亚马逊这样的电子商务平台提高了我们对便利性、易用性和客户服务的期望值，尽管此类服务水平可能以牺牲利润为代价，但我们依然期待其他企业能效仿并坚持同样的高标准。当有重大利益在向你招手时，你该如何在不过度挤压利润的情况下增加销量呢？

企业欲增加利润不外乎采用两种方法。第一种方法是削减成本，第二种方法是增加附加功能或提高质量来增加产品的价值。如果可操作性的溢价范围较窄，那么这两种方法都无法提供一个可行的解决方案。然而，还有其他策略可以帮助你的企业兴旺发达。

虽然你可能以为降低价格会增加销量，但在某些情况下，采取相反的策略反而更有效。例如，在斯坦福大学和加州理工学院开展的一项功能磁共振成像研究中，参与者被告知，他们正在品尝两种不同的葡萄酒（一种售价 5 美元，另一种售价 45 美元），而实际上喝的都是同一种酒。研究人员发现，当参与者认为他们喝的是更昂贵的葡萄酒时，大脑中体验快感的区域活动会加剧。如果一种商品的价格可以同时改变一个人对价值的感知和对满足感的主观体验，那么你或许可以合理地期待客户从价格更高的产品中获得的快乐更多——如果部署得当，从长远来看这项策略可以促进销售。

由于价格是价值的抽象表示，所以你定价的方式也会对销量产生影响。例如，假设你正在招收不限时的瑜伽会员，每月 60 英镑[①]。单看数字，这个价格似乎相当昂贵。然而，如果你重新架构你的信息，并说明"三个比萨的价格就能参加不限时瑜伽课"，这样你不仅可以通过用金钱衡量价值的方式为你的客户做具体对比，也会引导他们建立起健康与不健康行为的关系模式，从而鼓励他们用一点下犬式动作（指参加瑜伽课）来抵消他们的不良嗜好。

你还可以通过将价格重构为特价来改变人们对价值的理解。例如，如果通常一包饼干卖 1 英镑，你可以做一个广告，上面写着"10 英镑 10 包"，这听起来不仅像一笔更好的交易（客户可能觉得物超所值），也将他们锚定在一个更高的价格点上，鼓励他们更多地购物。重构价格（锚定更低价格点）的另一种方式是提及日常等价物，该策略被称为"一天一便士定价"。这意味着你不按一年 361.35 英镑推销健康保险，而是提出一天 0.99 英镑买健康。为了产生类似的效果，你甚至可以更进一步地将你的价格与一项日常开支（如一杯咖啡）做对比。

锚定

既然已经多次提到这个原则，还是让我们更详细地探究一下锚定的动力吧。请你展开想象力，想象我们正在玩一个命运之轮的游戏。让它转一下，它最后停在了数字 65 上。现在，请你猜猜非洲国家在联合国所占的比例。你心里有答案了吗？

在这种情境下，你的猜测值很可能会落在 45% 点左右。然而，假设命运之轮停在了数字 10 上，你的数字也许会降低很多，大概在 25% 左右。为什么呢？因为在没有可核实信息的情况下，我们只能尽量依靠猜测来进行决定。在本案例中，

[①] 1 英镑≈8.7238 人民币。——译者注

你接触到的第一个数字是由转盘停下的位置（取决于它的价值）决定的，它让你的猜测值比正确答案（28%）偏高或偏低一些。类似这样的估计值可能深受我们接触到的第一条信息（锚点）的影响，甚至当参照物的选择比较武断的时候也是如此。对于一个特别容易受这种动力影响的高开放性的人而言，高锚点会引导你选择一个较高的数字，而低锚点则带来相反的结果。

在网上，我们愿意为某种商品支付的金额也会受到这个原则的影响，尤其是如果我们在产品页看到的第一件商品将我们锚定在高价时。如果你想利用这种效果，必须选择最佳规则筛选你的产品，以便首先显示高价商品。例如，我的一个客户想增加某系列护发产品的销量，但当我们观察产品页面时，看到商品是按字母顺序排列的，这意味着客户被锚定在低价上。在测试了几个变量之后，我们发现产品按受欢迎程度排序会产生高锚点，而且在接下来的几个月里，这些售价更昂贵的产品的销量（以及这类产品的总收入）确实上升了。

同样的原则也适用于拍卖网站。当在 eBay 销售商品时，列出高保留价（高锚点）的供应商比那些列出最低价（低锚点）的供应商收到的最终竞价价值更高。颇为有趣的是，当供应商同时提供高保留价和起价时，还是保留价对最终结果的影响最大，并会推高中标物的价值。值得注意的是，如果没有这些锚点，早期的投标人可能会认为卖方不提供参考价格暗示产品价值不高。

当锚定价格与所讨论的商品没有什么关系（或根本无关）时，这种影响依然存在。请看下面这个案例。2004 年，两位研究人员在佛罗里达州西棕榈滩的一个摊位上向路人推销 CD，价格由路人看着定。每隔大约 30 分钟，他们让旁边的摊主交替改变一下所售运动衫的价签，或 80 美元，或 10 美元。他们的发现相当值得注意：当运动衫标价 80 美元时，人们愿意为 CD 支付更多的钱。研究人员只是将高锚点设置在相邻摊位便已经显著提高了他们的销售价格。在工资谈判过程中也可以观察到类似的影响——初始要价越高，最终敲定的工资增长幅度就越大，这就是第一个报价非常重要的原因。

在零售环境下，当一件商品的价格明确的时候，顾客更有可能相信它的真实价值准确地反映在价格中。这种意识在一项研究中得到了清晰的印证：参与者被要求根据一台电视的建议零售价——分别为 4998 美元、5000 美元或 5012 美元，估计电视的实际价值。根据参与者看到的几个价格，他们通常猜测电视的真实价值接近 4998 美元或 5012 美元。然而，当标出取整后的 5000 美元价签时，他们可能怀疑这台电视的价值要低得多（在下一章中有更详细的分析）。

当我们只是下意识地接触到一个数字时，锚定也会影响我们的决定。在一个特别的实验中，参与者被要求评估一台标价 69.99 美元的相机的价值。在看到价签前，他们有 15 毫秒的机会看到一个较高的价格范围（85 到 99 美元）或者较低的价格范围（15 到 29 美元）。虽然这些数字闪得太快，以至于任何人都不会有意识地注意到它们，但那些事先瞄过较低价格范围的参与者与高价组参与者相比，判断的相机价格要高（相对于锚点而言）。

正如你所看到的，我们对锚点有着非同寻常的敏感性，这就是那么多企业竭尽全力去利用锚点的原因。有些商家会将一件商品的总价分解成多个部分，这种手段称为"分标定价（Partitioned pricing）"。通过分标定价，他们将顾客锚定到较低的基本价格上而非真实价格上，这意味着与那些竞争对手的价格比较时，这个价格看上去更吸引人。当然这种做法只会在短期内或在特定环境下（送货、清关和装卸费用单列）有效。

像亚马逊这样的平台便巧妙地利用了这一原则，它们先列出产品的基本价格，然后在不同价格下提供一系列的送货选项，让你觉得自己有一定的选择余地，尽管（在很多情况下）这意味着要支付超过原价的费用。当然，它们也会利用我们对隐性费用的厌恶，鼓励顾客注册成为"会员"——支付一定的年费便可以无限次提供"免费送货"。

一些不轨商家不是利用价格本身将顾客的锚点定高，而是把大量随意显示的数字放在产品附近，从而影响顾客的购买决定。它有可能是一条写着"本周发货

12 586 件"的横幅广告，或者一个邀请你"加入超过 83 486 位快乐购物者的大家庭"的弹窗。不过，更常见的是（尤其是涉及展示 SaaS 产品和会议入场券时），提供方占用整个页面的宽度从左侧最昂贵的商品开始依次显示不同的价格选项。在销售过程中，你可以将锚定效应与减法原则配合使用，在左侧显示加了中划线的原价，然后在后面显示特价（如 £50 £39）。这种方法的原理是先把顾客锚定在高锚点（原价），然后从原价直接降至特价，让顾客感知到折扣力度，并在此过程中促进销售。

诱饵

探讨定价的章节不涉及诱饵［或非对称优势（Asymmetric dominance）］效应便是不完整的。诱饵被定义为"添加到选择集中改变其他选项相对吸引力的一种替代方案"，通俗地说就是，诱饵是被有意添加到现有两种商品集中的第三种商品，以此改变客户的偏好。

在《怪诞行为学》（*Predictably Irrational*）一书中，丹·艾瑞里（Dan Ariely）教授通过一项令人信服的实验阐明了上述原则。艾瑞里在浏览《经济学人》网站时偶然发现了一组奇怪的订阅选项（见表 14-1，选项 A）。他感到好奇的是，为什么它们会提供看似多余的 125 美元印刷版订阅，因为以同样价格购买印刷版 + 网络版订阅显然更有意义。

表 14-1 　　　　　　　　　　　　诱饵效应

选项 A			选项 B		
订阅	定价	销量	订阅	定价	销量
网络版	$ 59	16%	网络版	$ 59	68%
印刷版	$125	0%			
印刷版 + 网络版	$125	84%	印刷版 + 网络版	$125	32%

资料来源：《怪诞行为学》，丹·艾瑞里。

艾瑞里对接下来会发生什么产生了兴趣。他设计了一项调查，观察他的学生们面对上表提供的条件会偏爱哪个选项。他把学生分成两组，第一组拥有全部三种订阅方式（选项A），第二组只有两个（选项B）。如你所料，当面对全部三种订阅方式时，A组中84%的学生选择了"印刷版＋网络版"，16%的学生只选择了"网络版"，没有人选择中间选项"印刷版"。不过，在有两个选项可供选择的B组中，只有32%的学生选择了"印刷版＋网络版"，而余下68%的学生只选择了"网络版"。通过这一不同寻常的偏好逆转，艾瑞里证明了向列表中增加不相关的第三（和次级）选项带来的理论收入应该是非常显著的（三选项组：11 444美元；两选项组：8012美元）。

这表明，如果你想影响客户的比较过程，只需向现有集合中增加第三种、次级或不相关的选项，就可以大大促进特定产品或服务的销量。

社交游戏

我们中的很多人上网购物只是为了享受乐趣，我们的购买行为变得很容易受到我们所访问交互界面的娱乐化的影响，而安全性和实用性之类的因素则被排在了后面。来自企业经济学领域的研究表明，我们不仅喜欢有趣的交互界面，而且我们当中那些访问这些交互界面的人也更有可能在上面购物。那么乐趣到底如何影响我们的购买行为呢？

这可以归结为神经化学奖励。前面已经提到过，大脑中的多巴胺系统是隐藏在冒险和寻求奖励行为背后的主要力量之一。或许是毒品和金钱，或许是美女和跑车，总之它可以通过一系列事物得到激活。甚至一部搞笑动漫都能给我们带来多巴胺冲击，这或许可以解释为什么让我们开怀大笑的内容往往像那种会病毒般扩散的内容。

同样，寻求奖励的动力推动了社交游戏的大流行，为那些携充足资金介入的品牌带来了新的收入来源。早在 2011 年夏天，社交游戏厂商 Zynga 便与联合利华合作为中国的开心农场玩家创建了一个虚拟的"力士梦幻庄园"。玩家有一个月的时间可以与品牌大使舒淇互动，并通过使用虚拟货币购买虚拟装饰产品，使他们的农场更有吸引力。这听起来很疯狂，但在中国、美国和日本等国家，社交游戏是最流行的。那些能够利用这些渠道吸引潜在客户的品牌，也更有可能促进销售并更广泛地笼络心甘情愿的消费者。

如果社交游戏不适合你，别担心，你还可以通过其他方法给你的平台和沟通带来好玩的互动。其中一个最聪明的做法来自 Olapic。这家企业用用户上传到社交媒体的图像取代品牌图片库。通过鼓励客户参与，Olapic 接下来便可以从一系列社交平台聚合这些图像，并挑选那些最适合一个品牌特定数据库的图像（他们采用人工编辑和管理工具相结合的方式精选的图像）。据 Olapic 创始人波·萨布里亚（Pau Sabria）介绍，这种方法证明真实的图像可以增加销量，再加上事实表明大约 70% 的客户同意他们的照片进入精选集，所以这种方法应当可以激励任何希望自己的内容更真实并真正以客户为中心的品牌（无论大小）。

▶ 可采取策略

提高底线

- **重构底线**。一般来说，我们很难确定一件产品或服务的真实价格，尤其当面对不熟悉的产品类别时。你可以使用具体的替代选择重构你的价格，进而帮助你增加此类商品的销量（例如，"用每天一杯卡布奇诺的价格为你的生命投保"），将价格展示为一种特价（5 英镑 5 个），或者将其描述为日常等价物（361.35 英镑 / 年变成 0.99 英镑 / 天）。
- **起锚**。大多数情况下，你可以通过锚定客户和设定高锚点来增加销量。此时你可以首先列出较贵的产品，并用弹窗或横幅广告引导访问者（例如，"成为53 689 位月度订阅者中的一员"）。如果你准备列出特价，则将原始建议零售价放在左边，特价放在右边，以提升可感知的折扣力度（例如，"£50 £39"）。

- **降低锚点**。降低锚点可以使你的基准价格看上去比竞争对手的更具吸引力，可以尝试分标定价，并将一次购物的总价分解为不同的部分（如商品、送货、清关）。

- **诱饵效应**。如果你提供两种产品（A 和 B），而你想特别增加产品 B 的销量，此时可引入第三个多余的选项 C，它在吸引力方面较你希望多销的产品 B 逊色。

- **产品评论**。一般来讲，一件特定产品的评论数越多，对该产品的认识也就越积极。如果想看到更多的评论，你可以发起一次电子邮件或社交媒体推广活动，刺激既有客户在你的交互界面上给近期购买的产品留下中肯的反馈意见。鼓励他们使用与产品类别相关的描述性的、富有感情的词语——你可以在文本框中提供建议，或者在你的电子邮件或社交媒体内容中加入引导他们使用的特殊关键词。

- **个性化**。我们通常信任最像我们的人，所以如果你和客户有良好的关系，可以请他们完善客户资料。通过公开他们乐于分享的个人信息（例如，照片、兴趣和性别），当他们留下评论时，其他趣味相仿的访问者会更有可能主动建立联系并信任他们的评论，而这反过来又有助于提高销量。

- **趣味化**。如果这种方法适合你的品牌，你可以给你的产品编一个背景故事，从而为你的内容和推广活动增添一点乐趣。研究发现，除了面对客户时笑脸相迎之外，这种方法还可以增加产品的私人属性，从而提升它们的感知价值以及人们愿意为其支付的金额。在这一点上做得极为出色的品牌当推 BetaBrand，这是旧金山的一家服装公司，它的广告宣传基调突出亦庄亦谐的风格。除了大量荒诞不经、匪夷所思的广告宣传资料（特别是围绕假日主题）之外，它们还围绕自己的产品创建了微故事。我本人最喜欢那篇起名很传神的《脐带绕颈》（*Cordaround*），实际上宣传的只是一条横条纹的灯芯绒裤子，还有它们的 Vajamas 系列微故事，是宣传睡衣产品的，这种睡衣采用了一种极为柔软的织物，所以它们才创造出这样一个全新的形容词来描述它。它的网站甚至还提供了有用的柔软度量尺，这其中它们自创的柔软度"Vagisoft"介于"袋鼠育儿袋"和"棉花糖美人鱼的子宫"的柔软度之间。

- **使用真实照片**。只要有可能，尽量使用在各场景下拍摄的真实产品图像，不管是街头一位顾客穿的一件磨旧了的衣服，还是在某人的客厅里现场拍摄的一款定制灯具。为了让你的图像看上去更自然，你还可以尝试在背景中加入宠物、食物、鲜花和其他日常用品。

- **与客户合作**。很多客户表现出与他们喜爱的品牌合作的意愿，你正好可以借机与他们进行沟通。如果你的预算不高，可以举办竞赛类活动并邀请客户在一个特定的主题标签下提交使用你的产品时的图像，并向参与者颁发奖金和购物优惠券以资鼓励（确认遵守有关图像许可的法律条款和条件）。

- **利用社交属性**。利用用户生成的内容进行宣传活动，往往具有更大的辐射面和影响力，因为这种内容本身具有社交属性。我们都喜欢与众不同和令人羡慕的感觉，所以如果能让客户出现在你的交互界面上或者你的广告中并以此取悦他们，相信他们一定会告诉他们的朋友（这意味着你获得了更多的潜在客户）。

- **注重互动**。如果你销售的是实物产品，你应该已经在使用可缩放的高分辨率产品照片和缩略图了，而且你也应该测试互动视频和 360 度图像对用户行为的影响。

客户服务

无论你的受众来自何方（本地的或国外的），在涉及客户服务时，人们往往会期待一次明确的、连续的和有益的互动。在电子商务环境下，这包括友好的退货政策、支付政策、销售建议、发货选项、FAQ 内容、税务资料和各种手续费等。

▶ 可采取策略

人们希望和真人交流

- **保持联系**。客户和你联系越方便，他们的整体体验就越好。无论你提供实时聊天服务还是一系列更传统的联系方式（联系表格、电子邮件、特定地区电话号码、邮政地址），你的联系方式页面都应该是清晰的、热情的和容易找到的。

- **社交媒体**。正如我们之前看到的，当某个产品或服务出现问题时，客户往往会求助于社交媒体（欧美国家集中在 Twitter 上），以发泄不满或寻求即时解决问题的方法。有这么多人将社交渠道作为客户服务平台，你绝对有必要重视该平台上的意见并积极参与对话。通过这种方式，你不仅能在各种情况下防患于未然，也能接受客户主动的建言献策，这有助于你与客户建立起更有意义的关系。有很多工具可以帮助你批量完成这项工作，但无论你采用什么方法，你的回答都应该是迅速的和富有人情味的。

15 PRICING AND VALUE
最大化客户感知价值

人们对损失与收益的态度和感情实际上并不对等。所以，我们损失 10 000 美元时所感受到的痛苦要甚于我们得到 10 000 美元时感受到的愉悦。

丹尼尔·卡尼曼，心理学家

损失厌恶

正如我们前文所说的，许多我们喜欢的东西（金钱、跑车、美女）通过刺激大脑中的（中脑缘）奖赏系统给我们带来快乐。所以，如果获得某样东西让我们感觉良好，那么失去它不就会让我们感觉受伤吗？

20 世纪 70 年代，行为经济学家卡尼曼和特韦尔斯基就曾在一项开创性的研究中指出，"损失比收益显得更加突出"。相较于获得同等收益，我们更希望避免损失，这个想法暗示当我们放弃一件特定物品时，我们赋予它的价值要超过我们首次获得它时。想一下你所拥有和喜爱的一样东西——它可能是一块漂亮的手表，或你在度蜜月时买的一件小饰品，也可能是你小时候奶奶给你织的一件不值钱的薄毛衣。还记得你当初花了多少钱吗？你心里有个大致数字吗？现在如果告诉你马上把它卖掉，你能接受的价格是多少。

在大多数情况下，人们给出的第二个数字通常比第一个数字大。事实上，研究发现，一般来讲，如果一件物品日后被要求卖掉的话，我们提出的价格会是原价的两倍——这意味着，我们不知不觉中已经为其注入了额外的价值。这种情况被称为"禀赋效应"（因为我们拥有某样东西，所以赋予其更多的价值），并与现状偏见（Status quo bias）有关（我们偏爱事物的当前状态，即使承受损失也不愿去改变）。相比我们并不拥有的对象，我们赋予了自己已经拥有的对象更高的价值。这一事实为我们的购买行为提供了一些有趣的启示。

支付的痛苦

当我们"失去的"东西本身就是金钱时，会发生什么情况？这种体验被证明可能相当痛苦。事实上，支付痛苦通常是电子商务面临的最大挑战之一，这或许可以解释人们在接受健身俱乐部和公用事业账单之类的服务时倾向于选择按时计费支付方案的原因，甚至更省钱的按次计费价目表都不能改变他们的决定。

无论是我们累积的飞行里程，还是我们用来支付游戏和 App 中虚拟物品费用的抽象代金券，过渡货币和替代货币的成功正是基于这项原则。它们的增值是有原因的——在很多情况下，只需在消费者和真实货币之间增加一种过渡货币便能显著降低他们评估实际交易价值的能力。

为什么这种方法如此有效呢？当我们决定购买某种产品的时候，我们会下意识地权衡消费的乐趣和支付的痛苦，而当涉及的产品带有高价标签时，大脑中的反应可能就非同寻常了。功能磁共振成像研究发现，定价过高的产品实际上会刺激脑岛（一个已知与身体疼痛有关的区域）的活跃程度。这意味着不管有人要掐你，还是找你要五块钱，你的大脑都会以一种类似的、诱发疼痛的方式做出反应。这样看来，我们大家买卖任何东西都会出现同样的情况，这真是一个奇迹！

令人奇怪的是，这种疼痛反应因人而异，差异很大，且有些人（在这项研究中将他们描述为"守财奴"）比其他人（"败家子"）感受到的痛苦更大。然而，也是有可能显著降低"守财奴"的痛苦感受的，你只需重构一件商品的价格即可，例如从"收费 6 元"改为"仅收费 6 元"。

使用适当的描述方法并非是降低支付痛苦的唯一途径，另一个要素是你所使用的支付方式。我们中的很多人凭直觉就知道付款方式越抽象，我们的不适感就越小，我们的购物决策也更容易冲动。对于那种更情绪化的、享乐主义的购物过程（如大半夜吃烤串，你知道自己第二天早上会后悔），这种感受来得更为真实；如果你使用现金而不是信用卡支付，这种痛苦感又会加重几分。

从乘坐交通工具到更任性的时尚购物，各种场景下的非接触式支付方式造就了一个很有趣的心理学案例（取决于你的立场，也可能是很恶心的案例）。无论什么产品，当我们不必去看或思考自己在支出什么时，我们很容易欺骗自己，我们根本没花钱。

所以，将餐厅菜单上的货币名称或符号（如"英镑"或"£"）去掉后，就餐者的消费额会明显增加。现在很多高档场所都广泛采用这种方法，即使用最简化的价格标注，例如"24"，而不是更明确的"£24.00"。省略货币符号和小数位，引导顾客注意食物，而不是价格，从而会降低支付的痛苦。因此，利用信用卡、借记卡或 PayPal、ApplePay 和亚马逊一键结算之类的服务来支付消费，可能是减少疼痛和促进销售的极为有效的手段。

很多企业还通过为客户提供分期付款的选项来降低支付痛苦，这样一来，一张原本标价 399 英镑的桌子就变成了分五次轻松支付，每次 99 英镑（外加 96 英镑的附加费）。虽然从理性角度看，这种方式不应该让我们动心，但由于我们会下意识地去对比参考价格（399 英镑对 99 英镑，而不是提前支付的 399 英镑对分期支付的 495 英镑），所以我们的大脑误认为捡了个大便宜。当然，你也可以反其道而行之，为提前支付全款的客户提供一定的折扣作为奖励。

折扣与赠礼

虽然我们可能（正确地）认为"前两个月会费减半"与"前两个月买一个月送一个月"没什么不同，但实际上大多数消费者通常会选择那种被架构为赠礼的报价（"买一赠一"）。这样看来，我们几乎可以坐实"数学盲"的称号了。我们是否真的无能暂且另当别论，我们发现它们背后的原理是相同的：对于一款标价 50 英镑的水壶来讲，打折 20% 与直减 10 英镑是等值的。尽管两种折扣方式在数值上是相同的，但我们大多数人更喜欢 20% 的折扣。

这似乎是没有道理的，但大脑实际上是在用一种快思维逻辑来解决这个难题，把更大的数字看作更大的折扣。那么，你该如何决定你的定价策略呢？作家、市场营销学教授乔纳·伯杰（Jonah Berger）建议采用"100 规则（Rule of 100）"。如果你的价格低于 100 英镑，可以使用百分比折扣（例如，"折扣 20%"）。如果你的价格超过 100 英镑，则用绝对值代替折扣额（例如，"直减 20 英镑"）。这个简单的规则意味着，在每一种情况下，你实际上都在使用数值最大的折扣，从而欺骗大脑认为它实际上做了一笔划算的买卖。

考虑到我们更偏爱赠礼和增值而不是优惠，所以如果可能的话，最好避免使用"折扣"的字眼。如果你一定要使用它，那就要给它找个合理的理由，例如，如果你正在搞季末促销活动，那就请标出特价、折扣和理由，例如，"185 英镑（直减 55 英镑——季末大促）"。

在促销时，除了媒体广告之外，你的特价商品的大小也会对销量产生影响。在最近一项有关洗涤用品定价的研究中，联合利华考察了不同折扣水平下价格促销对销量的影响，其中包括带和不带媒体广告（例如，横幅广告）的情况。虽然他们发现在"没有媒体广告"的条件下，最高折扣水平（例如，"半价销售"）被证明最有效，但当媒体广告加入后，较低的折扣水平反而效果最好。事实证明，最低折扣水平配合媒体广告（例如，"2 箱 4 英镑"多买多优惠活动）是最有效的促销手段。这意味着，如果有畅通的沟通渠道，即使是相对较低的折扣水平也能吸引购物者。

魅力攻势

多年来，电子商务领域一直痴迷于魅力定价（Charm pricing），任何定价都是以 9、95、98 和 99 结尾的，其中 99 最常见。没有人确切地知道这种做法是怎么兴起的，但它所拥有的神秘力量是有据可查的，而且几十年来企业一直都在利用这一原则促进销售和吸引新客户。现在心理学家正在准确揭示为什么这些小小的数字竟然如此难以抗拒。

2003 年，两位美国研究人员安德森（Anderson）和西梅斯特（Simester）着手研究魅力 9 美元现象。如果某件女装标价的尾数是 9 而不是其他数字，会更吸引人前来购买吗？为了一探究竟，他们与两大全国性的邮购公司联手销售女装，并由此开启了一次富有独创性的实验。

他们改变了四款女装的价格，并将不同版本的产品目录邮寄给全国各地的顾客。订单汇总后的结果证实了研究人员长期怀疑的一种情况。这四款女装中每款价签结尾为 9 的女装都是卖得最好的，即使该价签比其他价签标价高时也是如此（详见表 15-1）。

表 15-1	魅力 9 美元
价格	销量
$74	15
$79	24
$84	12

资料来源：Adapted from Effects of $9 Price Endings on Retail Sales: Evidence from Field Experiments, *Quantitative Marketing and Economics*, 1(1), pp. 93–100, p. 94 (Anderson, E. T. and Simester, D. I. 2003); reproduced courtesy of Springer Verlag.

这到底是怎么回事呢？虽然我们可能想到把以"9"结尾的价签与所售商品和折扣价格联系起来，但近年来的更多研究显示，其中的幕后推手竟然是其左边的那个鬼魅般的数字。比方说，你想买一桶意式冰激凌，现在有两个价格供你选择。当然，在 3.60 英镑和 3.59 英镑之间的那一便士的差价是不太可能对你的购买决定产生什么影响的，然而如果同样的差价出现在 4.00 英镑和 3.99 英镑之间，你可能更愿意把机会留给后者。为什么呢？

这归根结底取决于我们给数字价值编码的方式。虽然我们喜欢认为我们是讲究逻辑的人，但我们解释数字的过程是不自觉地发生的，事实上这个过程是如此之快，以至于在我们还没有读完一个数字之前，便对它的大小做了处理。在本案例中，这意味着我们是通过自己读到的第一个数字 3 来解释价格 3.99 的量级的，所以这个数字将我们对价格的感知锚定在价签的最左端数位上。这给了我们一个直观的感觉（一种认知感觉），充满魅力的价格 3.99 一定比竞争对手的 4.00 低很多，而事实上他们之间的差别是极其微小的（你也可以令小数点后面的那两位数字最小化显示，以便在视觉上强化这种效果，此时 3.99 就变成了 3.^{99}）。

流畅性

上述方法之所以有效，是因为它利用了处理过程的流畅性：我们越容易计算两种价格之间的差价，我们所感知到的差价就越大。这就是为什么 5.00 英镑和 4.00 英镑之间的差价看上去比 4.97 英镑和 3.96 英镑之间的差价大，即使真实情况是恰好相反的（1 与 1.01）。其实你可以充分利用对你有利的这个特点，在你的定价中使用取整后的数字，可以使人们对特价折扣力度的感知最大化（例如，将折扣价格定为 39 英镑而不是 38.95 英镑）。

除了数字本身，一件商品的读音也会影响其流利性，这就是为什么名字读着朗朗上口的产品通常胜过那些名字读着拗口的产品，至少在短期内是这样（这种影响甚至已经在现实世界里的股票市场数据中观察到了）。这种影响同样可以用在定价上——当我们读一个数字时，我们的大脑潜意识上以听觉形式对其进行编码（就好像大声朗读一样）。事实上，研究发现，一个价格的音节越长，我们感觉它的量级就越大，即使当我们把它写下来时发现它与另一个相似的数字等长时，也是如此（例如，79.99 与 80.10）。

因为我们需要付出更多的脑力劳动才能处理读起来很长的价格，所以我们的大脑错误地推断价格本身想必也很高。这也解释了为什么把你的价格中的逗号去掉会让客户感觉价格更低些，这也是很多电器商店把它们的价格标注为，比如说，1 399 而非 1,399 的原因。在缺乏对价值内在的和准确理解的情况下，我们依靠的就是这类启发法来指导我们做出购买决定，这也是这些技巧如此有效的秘诀之所在。

一致性

价格使用的字体大小也会影响我们对价值的感知。在一个实验中，一组人被要求判断一双溜冰鞋的特价量级。上述影响便在该实验中得到了阐明。一半参与者看到的是用大字体标注的原价和用较小字体标注的特价（$239.99，$199.99），而另一半人看到的则相反（$239.99，$199.99）。

虽然这两组价格在数值上都是相同的，看到小特价字体的那组参与者大部分人判断特价更令人倾心，且更有可能去购买。为什么？因为特价无论在数值上还是在视觉上都较小，所以传递出的是更为一致的信息，让人感觉更有价值。令人感兴趣的是，当被问及他们的决策过程时，大多数参与者都说字体大小根本没有影响他们的判断，这恰恰表明我们的潜意识太容易受到影响。在进一步测试中，这种一致性效应甚至扩展到与销售价格一起使用的语言。尽管参与者将溜冰鞋的"低摩擦"和"高性能"视为同等重要的产品功效，但当研究人员对这些和价格一同展示的描述语做分离测试时，他们发现，当低价格与"低摩擦"连用时，参与者的反应更为一致。

取整 VS 精确

正如我们已经提到的，一个数字的精确和取整程度也会影响我们的选择。例如，研究发现，我们错误地判断精确的价格（例如，495 425 英镑）比取整后依然属于类似量级的价格（例如，495 000 英镑）低，原因可能源自一个事实：精确的数字较为复杂和不常见，因此难以处理和量化。由于我们在处理小数字（如 1，2，3）时倾向于使用精确的数字，所以我们也将精确与较低的价值联系起来，这就是为什么当价格明确的时候，我们常常会为一件昂贵的商品付出更多的代价。

为了决定你应该采取哪种定价策略（取整 VS 精确），你需要确定你的客户这次购物的类型。如果这次购物是情绪类型的（如购买一台供家庭度假使用的相机），那么较之认知类型的购物（如购买一台供工作时使用的相机），他们更容易受到取整数据的影响。这是因为取整后的数字处理起来更快速，从而产生价格看上去就不错的感觉，而未取整（不流畅）数据需要付出更大的脑力劳动，更容易满足合理购物的需要。话虽如此，但当评估价格时，我们通常假定取整后的价格区间（例如 10，100，1000 英镑）被人为放大了，所以即使你在情绪环境下销售产品，也最好避免采用这种定价方法，还是仅仅抹去小数点后面的数字好了。

▶ 可采取策略

靠数字说服客户

- **不要吃亏**。在涉及好听的销售言辞时，我们通常对旨在避免损失厌恶的交易反应强烈。所以如果你卖的东西可以帮助人们省钱，例如，汽车保险，不要和客户说，如果他们选择你的话他们一年可以节省 300 英镑。相反，你要告诉他们，如果还用目前的代理，他们实际上每年会损失 300 英镑。
- **支付痛苦**。让金钱溜走是痛苦的。在可能的情况下，通过重构信息降低支付痛苦，以便让"守财奴"花钱变得轻松些（例如，"只有 5 英镑""仅需 5 英镑""只收 5 英镑"）。你还可以为客户提供一系列更为抽象的付款方式，如通过非接触式信用卡或手机支付，用 PayPal 支付，或为已经在你的系统中开通账号的回头客提供一键结账服务。如果你销售的是高价值商品或订阅服务，你可以提供分期付款方式完成支付并为那些直接付全款的客户提供奖励（赠礼或折扣）。

- **折扣 VS 赠礼**。一般来说，比起获得更低的价格（折扣），我们更倾向于获得额外的奖励（赠礼）。因数学盲的缘故，如果一件商品用百分数标出折扣（例如，50 英镑水壶八折促销），而另一件等价物用价格标出折扣（例如，50 英镑水壶直降 10 英镑），在这种情况下，我们非常不善于判断等价物提供的数值折扣。根据经验，当销售标价低于 100 英镑的商品时，可采用百分数标出折扣（例如，折扣 20%）；对于标价高于 100 英镑的商品，可采用绝对折扣金额（20 英镑）。如果你打折销售商品，务必说明理由（例如，清仓销售）。

- **把数字修饰得漂亮点**。如果你销售的是中低价位的商品，可以使用"魅力价格"（以 9、95、98、99 结尾的数字）表现出物有所值。为了将一便士折扣的影响发挥到极致，可以选择一个低于左首数位的数字（例如，把 4.00 英镑改成 3.99 英镑）。

- **乌鸦变凤凰**。都知道用"9"结尾表示特价，其实用"0"结尾可能意味着高质量。只要环境适当，以"0"结尾并略去货币符号的价签，可能让你的客户在潜意识中认为你的产品或服务达到了奢侈品标准。在这种情况下，除了在特价销售时必须考虑之外，有必要控制使用以"9"结尾的价格，因为涉及数字"9"的结尾可能损害你的产品的感知质量和价值，进而损害你的品牌。

- **特价 + 9= 利润**。在魅力价格旁增加"特价"标志可以产生附加效应（Additive effect），进一步促进销售。例如，一件标注为"建议零售价 88 英镑，特价 79 英镑"的商品比仅仅标注为"79"可以带来更大的销量。所以，如果你希望顾客多买你的产品，可以同时使用这两种技巧。

- **保持流畅性**。两个价格的差价越容易辨识，差价看上去就越大。为了让顾客最大限度地了解特价折扣，可以在你的价格中使用取整数字（例如，不使用 38.95 英镑，而使用 39 英镑）。

- **一致性**。在标注特价时，有必要测试一下小字号对转化率的影响。如果你在价格旁边使用语言文字，请再一次确认你所选择的文字与低价值保持一致（例如，极小，小，低）。
- **情绪类型购物 VS 理性类型购物**。由于取整后的数字辨识起来更流畅，所以在促使顾客做情绪类型购物决定时，最好使用取整后的数字，以便让价格看上去更合适（例如，把 28.76 英镑改成 28 英镑）。为了促成更理性的购物决定，可以使用精确的数字且保留小数（例如，把 28 英镑改成 28.76 英镑）。无论你销售什么商品，都要避免出现取整后的价格区间（£10，£100，£1000），因为这样会让人们产生不信任感。

动态定价

动态定价是一个笼统的术语，用来描述针对不同客户对一件商品或服务采用不同定价的做法。它可以根据一个客户的支付能力、购物时间，或不同商家以不同价格销售商品的武断决定确定下来。这是一种被广泛、成功地用来增加利润的策略，不过虽然它可以产生积极的结果，但以一种公平的、社会可接受的方式和一种不公平的、不道德的方式使用它显然是有区别的。

例如，我们都期待航空公司根据我们提前订票的早晚（或最后时刻）为同一张机票提供不同的价格。虽然我们可能不喜欢，但事实上我们都知道游戏规则意味着这种特殊的动态定价通常给人的感觉是透明的和公平的。我们通常还可以从以下事实中看到动态定价的身影：打折的各类活动预售票；优步通过复杂算法推出的飙升的峰时价格；以及网站为了锁定新访问者而通过弹窗形式提供的新人折扣。

然而，正如亚马逊在十年前发现的那样，动态定价也会产生事与愿违的结果。当时，有顾客意识到他们购买相同的光碟时被收取了不同的金额。虽然该公司声称，为了"考察价格对顾客购买模式的影响"，他们正在进行一次"有限测试"，但很多人怀疑亚马逊实则根据买家的个人信息和上网行为因人而异地实行了个性化价格。

事实上，据报道，一个访问者在自己的电脑上删除了将自己识别为亚马逊活跃会员的 cookies 时，她想买的光碟的价格从 26.24 美元跌到 22.74 美元——差价达到了 3.50 美元。尽管亚马逊不承认存在任何不道德行为，但该公司还是公开道歉并给按高价付款的顾客退款。

在经济界，这种策略被称为一级价格歧视，而且基本上是可以精准实施的。通过判断一个人的支付意愿，专业软件可以直接调整客户基于其购买记录收到的报价，从而在价格上制造差别。

然而，也有例外：动态定价可以在交互界面上产生积极的结果——无论是经济上还是情绪上的。如何操作呢？使用自己定价机制（NYOP）。与传统的线下零售定价策略不同的是，NYOP 由买方做出初步报价，然后可能被卖方接受或拒绝——取决于它是否超过或低于预设门槛价格。

从本质上讲，这种策略遵循类似拍卖的规则，其中卖方有权规定保留价格。一旦条件满足，它将确保出价最高者中标并保证卖方获得合理的利润。如果买方没有达到门槛价格，他可以在接下来的回合里修改出价直到拍下商品。拍卖和 NYOP 唯一的重大区别在于，事实上在后者的范畴里，客户之间并非竞争关系。

不过，在电子商务环境下，NYOP 策略并不是只让企业主受益，消费者也受益了。通过让你的产品执行灵活定价，你可以有效地进入一个更广阔的市场——那些之前可能因商品价格太高被排除在外的客户都有了参与的机会，也让那些善于砍价的人比那些缺乏经验的客户有机会省下更多的钱。

电台司令乐队（Radiohead）有一次很好地运用了这个策略。2007 年，该乐队基于 NYOP 直接面向歌迷推出了自己的最新专辑，省去了每逢发布大碟时无法避免的中间商费用和昂贵的宣传费用。虽然这一策略没有涉及门槛价格，但通过要求歌迷支付他们认为合理的价格，这张专辑平均每张售价为 8 美元，仅仅一周的时间，利润总额便达到了 1000 万美元。这一成绩超过了此前三张专辑发布首周的销售总额。

▶ 可采取策略

动态定价

- **公平游戏**。无论你使用什么形式的动态定价，都要确保实施过程是透明的、社会可接受的和道德的（即不存在隐形价格欺诈）。如果每个人都清楚规则，如果你利用这个原则提升你的收益且不损害你的声誉，那么人们通常都很乐意玩这种游戏。
- **自己定价**。这种方法的好处是，你可以为你销售的每一种商品设定固定的门槛价格。这意味着你总会确保每件商品获得最低的利润，帮助你在长期经营过程中维持较低的损失（损失的原因可能是你的商品定价太高人们买不起，或定价太低你连保本都做不到）。使用较低的门槛价格，你会吸引到喜爱廉价商品的客户，以捕捉你可能错过的销售机会。同样地，有钱的客户也会被较高的门槛价格所吸引，这意味着与只使用固定价格相比，你将获得更大的利润。因为最终价格总是由消费者愿意出的价格推动的，所以即使动态定价发挥了作用，其结果也通常被认为是公平的。定价的流体性质也使客户更难凭借最终价格推断出所售商品的真实价值。
- **选择适当的门槛**。为了确定适当的门槛价格，你可以采用经过电台司令乐队验证的一种确实灵活好用的方法，或者使用自动处理系统基于潜在客户的过往出价记录将他们细分为不同的价值分组。

16

THE BEHAVIOUR CHAIN
借助行为链建构说服力

现在许多在线服务的成功取决于相关公司说服用户采取具体行动的能力。

B.J. 福格与 D. 埃克尔斯，社会科学家

行为链是由心理学家开发出来的，旨在了解如何随着时间的推移建构说服，它是一项三阶段策略，可以用于实现特定的目标或目标行为。它的目的是引导客户通过一系列步骤获得最终结果，而该结果一旦实现便可形成完整的行为链。

一般说来，该模式将涉及：（1）将一个新访问者吸引到你的网站；（2）让他们注册免费试用账号；（3）将他们转为付费客户。一个行为链要取得成功，必须经过精心策划，以便提供一个令人信服的、结构良好的以及人们希望完成的客户旅程。很多社交平台正是利用这个过程来吸引和维持庞大的会员社区。接下来，我们将探讨它是如何工作的，以及如何利用它来吸引目标客户。

发现阶段

了解服务

在行为链的第一阶段，目标是让潜在客户知道你的产品或服务。这可以通过多种方式进行：社交媒体、朋友、电子邮件、口碑、点击付费（PPC），以及其他网站的链接或任何其他渠道。虽然所有这些方法都能有效地吸引新客户，但有些方法比其他方法明显更具说服力，这其中个人推荐名列榜首。

除了常见的网络传播和口碑之外，第一阶段能否成功还取决于一个关键因素，即已经处在第三阶段（真实承诺的水平）的现有用户的活跃程度。处在第三阶段的人都是富有经验的和勇于承担义务（该阶段主题暗含的）的人，他们创建、上传和分享自己的内容，而这些内容对现有会员和第一阶段用户有足够价值的话，可以为新人注册为会员提供强大的动力（即活跃用户带来新用户）。

访问平台

下一步是鼓励人们访问你的网站、App 或平台。让我们以 Twitter 为例来介绍这个阶段。Twitter 已经被广泛接受为获得新闻和分享突发事件信息的主要社交平台之一，很多人现在都是以非会员身份访问 Twitter，浏览流行趋势并搜索特定主题。在基础的第一阶段层面上，新用户通过访问网站，与服务商互动，被鼓励亲自发现平台的价值，从而更积极地参与其中。如果他们决定参加对话和发 Twitter 信息、分享、评论或关注，他们接下来就必须创建一个账户，这样才能进入第二阶段。

蜻蜓点水阶段

决定尝试

在第二阶段，遵从是关键。鼓励新用户与平台互动，这样他们便能发现平台将如何满足他们的需要。此时的目标是吸引用户并通过提供一些基础资料建立起信任感，进而成功地推动他们进入第三阶段。

虽然这些步骤展开的顺序取决于相关平台，但颇为有趣的是一些最成功的企业在人们加入会员之前可以让他们免费试用自己的服务，例如 YouTube、声破天、

Twitter、eBay 和亚马逊均允许人们注册前浏览它们的内容。

然而，有必要提醒一句：正如任何处在萌芽状态的关系一样，在这个早期阶段，如果你要成功地引导顾客进入下一个步骤，至关重要的是，你首先要建立起信任的基础。很多企业往往在这一点上犯了致命错误，它们为了获取短期收益而牺牲长期目标，例如，依靠空洞的让渡价值（Delivering value）承诺获得人们的电子邮件地址，然后就给他们发送垃圾邮件，刺探他们的隐私，或让他们很难摆脱。如果采用这种鲁莽的做法，可能在你与客户真正建立联系之前你就已经失去他们了。

有一个平台允许其他企业充分利用第二阶段，这就是 Pinterest。对于外行人来说，这就是一个社交平台而已，你可以从网络上收集并"pin（钉住）"图像以创建主题图板。例如，如果你喜欢跑车，而你也有一个 Pinterest 账号，每当你看到一张漂亮的保时捷和兰博基尼图片时，你便可以"pin"它，并将其添加到你的汽车专用图板中。不过，这不仅仅是供个人使用的好东西。很多企业很早便发现了 Pinterest 的商业潜力，而且成功利用该平台来引诱用户试用他们的产品和服务。怎样做呢？只需在相关主题的精彩图片之中加入几张自己产品的照片即可。

由全食超市管理的一个主页便非常成功。全食超市是一家食品零售企业，借助 Pinterest "pin" 菜谱、令人垂涎欲滴的美食和富有创意的厨艺作品的图片，鼓励人们追求健康和创新。全食超市的 Pinterest 主页成了与食品相关的各种灵感的荟萃之地，它不仅将巨大流量引导至它的照片图板，还为自己的店铺带来宝贵的流量。全食超市以此吸引新的访问者，它鼓励人们甚至还未踏入自己的任何一个门店之前便在精神上接受该品牌的熏陶。对于现有顾客来说，这种方法也确保全食超市位于最爱被人提及的品牌之列，这种能力在一个充满竞争的、拥挤的市场中显得弥足珍贵。

作为一个随手汇聚美好事物的地方，Pinterest 从当初不起眼的小网站起步，到如今已经成为各品牌拉近它们与客户关系的主要平台之一。事实上，当 Pinterest 与 Millward Brown Digital 联合深入调查人们如何使用这个平台时，它们发现足有三分之二的"pin"与品牌和产品有关。它们还发现 47% 的活跃会员在接下来的六个月里更有可能经历某些重大的人生事件（如结婚、买房或装修），而在所有这些会员当中，千禧世代尤其可能利用这个平台设计自己的方案。至关重要的是，它们还发现 93% 的 Pinterest 用户利用这个平台为购物提供帮助，而 52% 的用户是先在 Pinterest 上看到喜欢的物品然后再到网上购物的。

开始行动

一旦你吸引新访问者来到你的平台，而他们决定尝试你的服务，那么行为链上的下一步便是鼓励他们开始行动，例如，创建一个新账号或注册免费试用。在这个阶段，通过提供一些有价值的内容交换一点信息（注意这是互惠行动），你可以获得一些更私密、更直接的客户联系方式（例如，电子邮件或私聊），由此你便可以利用这种途径提供更加个性化的信息。

这个特殊阶段是相当直截了当的——你越方便地让人们前来注册，他们越有可能这样做。此时的标准做法是允许用户使用他们的电子邮件地址或一个社交账号（通常是 Facebook、Twitter 或谷歌）注册。然而，正如此前提到的，对于隐私意识强烈的人来讲，这种使用社交账号注册的方式可能是一种无奈的选择，所以如果你希望吸引所有类型的客户，请确保两个选项都能提供。

当然，如果你能提供一个引人注目的注册动机，那就再好不过了，在这一点上，Headspace 便做得相当棒。我在前面已经提到过这款冥想 App。为了吸引新用户，它们提供了自己特供产品的高价值试用版，其中你可以接受 10 天的冥想指导——绝对免费。你可以体验这个迷你系列的所有卖点，而且在课程结束时，它们还祝贺你完成了冥想指导！这是一个将互惠原则发挥到极致的例子——通过提供实际价值（实用的冥想练习）、正强化（祝贺你完成冥想指导）并"**邀请你继续**

旅程"（轻推），这次令人愉快和信服的体验成功减少了购买相当昂贵的 App 服务的阻力。

真实承诺阶段

在行为链的最后阶段，用户在鼓励下采用新的长期行为模式，例如，定期购买产品或服务，或习惯性地向平台提供用户生成内容。

创造价值和内容

最有价值的用户生成内容是那种被他人视为有用的、有趣的或令人愉快的内容。例如，亚马逊已经围绕这个模式开发了一个完整的电子商务平台。通过鼓励客户为他们所购买的产品评级和提交评论，该公司成功设计了这样一个市场：它不仅帮助用户完成了最初的购物过程（试用这个平台），还提升了网站的实用价值（发现有价值信息的地方），并鼓励其他客户贡献内容（互惠），从而形成了一个良性的循环。

另一个值得一提的是猫途鹰（TripAdvisor）网站，它对那些贡献了有用信息的会员给予奖励，从而实现评论过程游戏化。该网站每月发送带有启发式标题的电子邮件，比如说，"猜猜有多少人看过你的评论？"并通过向他们展示有多少人阅读他们的评论、他们挣了多少分，以及在此过程中他们已经积累了多少"有用的投票"来吸引用户的注意力。贡献评论的会员在收到以游戏化截图方式展示的自己评论的表现和对他人的影响后，贡献内容者不得不接受行动召唤并添加另一条评论。

吸引他人参与

Facebook 早期并未采取地毯式轰炸方式建设社区，而是通过在一段时间内集中力量攻克一个特殊的、业已存在的大学社区来逐步扩大知名度。这个在哈佛大学宿舍里构想出来的平台先是在一个个学院里逐渐被接受，这是一种滚雪球般的增长方式，直到达到临界点。Facebook 开始以学生专用平台示人，并最终向世界敞开了大门，围绕它的宣传是如此强大以至于新用户的激增席卷了整个互联网。

虽然如此传奇的故事可能少之又少，但如果你想把新的访问者吸引到你的平台上来，可以鼓励现有会员通过两条关键途径让其他人参与进来：

- 邀请其他人加入（不管他是你的联系人、朋友、关注者还是熟人）；
- 鼓励用户与伙伴分享内容和链接。

为了增加成功的概率，你可以把这两条途径结合到你的策略中来。实际上，鼓励用户创建供其他成员评论、评级和讨论的原创内容是一个一举两得的好办法。

保持活跃和忠诚

一旦你吸引了大量会员或客户访问你的网站，你怎样才能确保他们保持活跃和对你的忠诚呢？当你与其他企业竞争时，如果你的产品、客户服务和内容为你的客户提供了使用价值，你才拥有获胜的基础。然而，如果你想让人们回到你的网站获取更多的信息，就不仅要强化你的品牌特征（参考全食超市的例子），还要经常鼓励和提醒人们与你的平台保持接触。

每个社交网络和大多数产品或服务都是通过通知和提醒来实现的，而后者通常都是默认开启状态。LinkedIn 之类的其他平台使用电子邮件提醒通知用户。用户收到信息后，只能看到信息的部分内容，因此他们必须在 App 上或在网站上阅读并回复。虽然这种做法可能令人讨厌，但这项技巧无疑是确保用户返回平台的有效方法，由此他们可以接触到更多内容加深了解。当然，并不是每个人都喜欢这种被迫遵从，而且很多用户会关闭提醒作为回应。由于担心错过潜在的有价值的信息（如工作机会），很多用户被迫放弃了这种要么全有要么全无的方法，但我相信那些邀请而不是强迫用户返回的平台会在未来获得更大的成功。

▶ 可采取策略

发现阶段

了解服务

– 你是如何让潜在客户了解你的产品或服务的？你是在积极地使用所有可用的渠道吗？那些通过口碑、社交媒体或电子邮件分享你的内容或推荐你的服务的人是出于什么动机？你是在使用点击付费、原生广告或其他形式的市场营销来帮助人们了解你的产品或服务吗？

访问平台

– 你是不是让人们很轻松访问你的平台而且不必注册便可以开展互动呢？你提供什么激励措施鼓励人们返回你的平台呢？你怎样才能让访问者感受到你的产品或服务的价值呢？

蜻蜓点水阶段

决定尝试

– 一旦客户访问了你的平台，并接触到你的内容和品牌，你如何鼓励他们以一种更积极的方式与你互动呢？这可能意味着采取一个小步骤即可实现，如报名参加一个网络研讨会、下载白皮书或订阅你的简报。

开始行动

– 在与你的访问者建立起联系并留下良好的第一印象之后，下一步是邀请他们真正开始使用你的产品或服务。你能向客户提供什么样的免费试用以换取他们用自己的电子邮件地址或社交媒体账号登录呢？你如何通过注入价值、互惠原则、正强化和轻推来鼓励他们成为付费客户呢？

真实承诺阶段

创造价值和内容

- 无论你要求客户评论、评级、关注或评价你的产品，还是希望用户创造内容并分享给他们的伙伴，你如何鼓励他们经常贡献内容呢？为了引发并强化这些行为，你该设置什么样的激励机制（例如，根据提交的评论数量计算分数）呢？

吸引他人参与

- 你如何通过内容、市场营销和社会媒体策略优化你的辐射面以便让客户心怀感动并与他们的朋友分享你的内容呢？为了鼓励他们邀请他人试用你的产品，你提供可以量化的奖励（例如，"你和你的朋友优惠 15 英镑"）了吗？

保持活跃和忠诚

- 一旦客户积极地使用你的产品或服务，你如何鼓励他们更习惯地使用呢？如果你想用轻推的方式提醒或通知人们，那么如何做到有用而且不让人感到恼火呢？在涉及人们希望如何联系（以及多长时间联系一次）自己时，不同的客户群有不同的需要吗？

当我们涉足在线说服这个广阔的领域时，我希望你已经发现了所感受到的那种此起彼伏、扑面而来的兴奋感、吸引力以及尤为重要的应用价值。尽管我们在探索科学技术如何塑造人类行为的过程中不断发现新的洞察力，但在面对所有这些进展时，有一点是肯定的：无论我们如何进步，人类总是会利用科学技术来满足我们深层次的需要和欲望。谁洞悉了这些需要及其背后的驱动力，谁就能拥有强大的影响力。

然而，我们都知道，强大的责任与强大的力量是密不可分的，虽然我写这本书的目的是希望它能帮助你实现你的目标，但就像所有的工具一样，如何使用它完全取决于你自己的。毕竟，作为市场营销、设计和开发人员，我们既是未来网络的建设者也是它的用户。所以我会把这个问题留给你……

图书在版编目（CIP）数据

UI 设计心理学 /（英）娜塔莉·纳海（Nathalie Nahai）著；王尔笙译 . — 北京：中国人民大学出版社，2019.3

书名原文：Webs of influence：the psychology of online persuasion

ISBN 978-7-300-26686-2

Ⅰ . ① U… Ⅱ . ①娜… ②王… Ⅲ . ①人机界面—程序设计—应用心理学 Ⅳ . ① TP311.1-05

中国版本图书馆 CIP 数据核字 (2019) 第 028168 号

UI设计心理学

［英］娜塔莉·纳海　著

王尔笙　译

UI Sheji Xinlixue

出版发行	中国人民大学出版社		
社　　址	北京中关村大街 31 号	**邮政编码**	100080
电　　话	010-62511242（总编室）		010-62511770（质管部）
	010-82501766（邮购部）		010-62514148（门市部）
	010-62515195（发行公司）		010-62515275（盗版举报）
网　　址	http：//www.crup.com.cn		
	http：//www.ttrnet.com（人大教研网）		
经　　销	新华书店		
印　　刷	天津中印联印务有限公司		
规　　格	170mm×230mm　16 开本	**版　次**	2019 年 3 月第 1 版
印　　张	14　插页 1	**印　次**	2019 年 3 月第 1 次印刷
字　　数	203 000	**定　价**	65.00 元

北京阅想时代文化发展有限责任公司为中国人民大学出版社有限公司下属的商业新知事业部，致力于经管类优秀出版物（外版书为主）的策划及出版，主要涉及经济管理、金融、投资理财、心理学、成功励志、生活等出版领域，下设"阅想·商业""阅想·财富""阅想·新知""阅想·心理""阅想·生活"以及"阅想·人文"等多条产品线。致力于为国内商业人士提供涵盖先进、前沿的管理理念和思想的专业类图书和趋势类图书，同时也为满足商业人士的内心诉求，打造一系列提倡心理和生活健康的心理学图书和生活管理类图书。

《最后一英里：影响和改变人类决策的行为洞察力》

- 行为洞察力的提出者、世界知名行为科学家的经典力作。
- 用行为科学思维解决决定成败的"最后一英里"问题。
- 通过行为助推设计帮助人们做出最佳决策。

《热搜：搜索排名营销大揭秘》

- 深度揭秘零成本搜索营销背后的运作规律。
- 以最小成本、最快速度获得海量的曝光和点击量，助力企业登上热搜榜，实现指数级的销售转化率。

《谁动了你的数据：数据巨头们如何掏空你的钱包》

- 藏在网络背后的数据巨头们仿佛能洞悉你的所思所想，它们对你无所不知，而你却对它们一无所知。
- 大众市场已经被数据巨头们切割成了一个又一个细分的小众市场，消费者在独自面对这些巨头的们时根本无力自保。

《如何开发一个好产品：精益产品开发实战手册》

- 本书教你如何以最少的资源、最佳的方式构建体现用户价值的产品。
- 本书将提供一整套方案，让读者跟随作者的思路，获得最佳的实践。

《零售无界：新零售革命的未来》

- 零售业五大影响力人物之一、零售未来学家、零售先知道格·斯蒂芬斯后电商时代生存指南。
- 门店及媒体、媒体即门店，关于零售的一切边界都将被打破，零售商业模式将被彻底颠覆。

《共享经济商业模式：重新定义商业的未来》

- 欧洲最大的共享企业 JustPark 的 CEO，首次从共享经济各个层面的参与者角度、全方位深度解析了人人参与的协同消费，探究了共享经济商业你模式的发展历程及未来走向。
- 对于任何有意创建或投资协作消费企业的人来说，本书都给出了重要的建议。